STEAM 教育名校名师

Arduino 开源硬件+激光切割电子项目制作

■ 高凯 程晨 编著

人民邮电出版社
北京

图书在版编目（CIP）数据

Arduino开源硬件+激光切割电子项目制作 / 高凯，程晨编著. -- 北京 : 人民邮电出版社, 2023.9
（STEAM教育名校名师）
ISBN 978-7-115-54536-7

Ⅰ. ①A… Ⅱ. ①高… ②程… Ⅲ. ①单片微型计算机—程序设计 Ⅳ. ①TP368.1

中国版本图书馆CIP数据核字(2022)第155979号

内容提要

本书以项目式学习案例为载体，将激光切割、程序设计、结构装配等内容融入项目设计与制作的环节中。每个项目的内容既包含硬件的安装过程，又包含程序设计。项目内容均选择与学生生活相关的情景，让学生感受身边的智能生活。每一个项目都按照不同的板块设置进行推进。“科学与知识”板块着重介绍与项目相关的硬件知识；“任务与实现”板块讲解程序设计的知识和硬件的安装过程；“拓展与思考”板块侧重介绍与本课内容相关的知识，拓展读者的知识储备；“创新与延伸”板块继续对本项目的内容进行拓展，延伸出新的项目。同时，本书还结合编者以往指导过的学生作品对各课知识进行创新应用的介绍。

本书主要面向中小学课后服务、兴趣社团中的学生，或参加校外创客学习的学生，学生应有一定的编程基础和动手搭建的能力。

◆ 编　　著　高　凯　程　晨
　责任编辑　周　明
　责任印制　马振武
◆ 人民邮电出版社出版发行　　北京市丰台区成寿寺路 11 号
　邮编　100164　　电子邮件　315@ptpress.com.cn
　网址　https://www.ptpress.com.cn
　涿州市般润文化传播有限公司印刷
◆ 开本：775×1092　1/16
　印张：9.25　　2023 年 9 月第 1 版
　字数：158 千字　　2023 年 9 月河北第 1 次印刷

定价：79.80 元

读者服务热线：(010)81055493　印装质量热线：(010)81055316
反盗版热线：(010)81055315
广告经营许可证：京东市监广登字 20170147 号

序

当前，新一轮科技革命、产业革命和教育革命加速发展，世界创新格局深度调整，百年未有之大变局加速演进，各国都在加强改进科学教育，重视科技创新后备人才的培养。实现中华民族的伟大复兴，需要大批科技创新人才。“十四五”规划明确了2035年“关键核心技术实现重大突破，进入创新型国家前列”的目标任务。

科技创新的关键是拥有大批科技创新人才，基础教育阶段是科技创新人才成长的关键时期，科技实践是培养青少年科技创新素质的重要途径。新一轮课程改革强调：优化综合实践活动实施方式与路径，推进工程与技术实践；积极探索新技术背景下学习环境与方式的变革；倡导“做中学”“用中学”“创中学”。

当今的青少年，是伴随着数字化、智能化技术快速发展的一代，时常被人们称为“数字原住民”。他们从小就接触各种智能化设备和移动终端，对智能设备有着天生的亲近感，也习惯用数字化的方式解决问题。2017年印发的《新一代人工智能发展规划》中明确指出要在中小学推广编程教育。相比于通过听课获得知识，通过编程的方式培养学生的思维比较容易被他们接受，学生能够参与问题解决的全过程并自己得出最终结果，有利于激发学生的学习兴趣。

本书以项目式学习为主要学习方式，通过贴近生活的主题项目将Arduino开源硬件的知识和编程知识融入项目设计与制作中。整体而言，每一个项目按照硬件知识、程序设计、结构搭建、思维拓展的逻辑进行推进，让学生能够更加全面地体验一个完整的项目制作过程，获得项目完成后的成就感。书中还将每一个项目中用到的核心技术与学生创新案例进行整合分析，让学生能够看到这些技术在科技创新竞赛中的应用，对激发学生进行创新作品的设计有一定的积极影响。

本书的内容已经在北京市第二中学的创客社团进行了实践与打磨，可以很好地丰富学校课后的服务内容。教师也可以结合书中的内容和自己学校学生的特点进行二次开发。本书能为中小学科技创新活动的开展提供一定的参考，希望中小学科技创新教育能够迈上一个新的台阶，培养出更多的科技创新人才。

胡卫平

2022年8月18日

前　言

近年来，科技课程的育人目标从教授操作转变为提升学生的核心素养。学生在科技实践活动中“做中学”“做中思”，最终内化为素养。因此，以项目式或单元式作为课程推进方式的实施模式越来越受到教师们的重视。项目式教学能够更好地激发学生学习科技的热情，在设计与制作的过程中，学生能够全身心地投入，以小组合作的方式完成项目、体验成功。本书涉及计算机辅助绘图、程序设计基础、创新作品分享等内容。我们在项目的选择和设计中还希望将本书中的内容与大学理工类专业课程衔接，助力学生形成合理的职业生涯规划。

随着数控加工技术在学校的落地与普及，激光切割、3D打印等技术已经成为科技课程中制作模型的重要手段和途径。本书将激光切割技术与Arduino开源硬件相结合，为教师提供了多个项目式学习的案例参考。案例依托生活中的情景进行设计，具备较强的拓展性。教师可以根据不同年级学生的年龄特点进行课程内容的二次开发。

如何开展高质量的课后服务，提供丰富的课后服务资源是很多学校思考的问题。本书中的案例实践性强，非常适合用于在校内开展课后服务课程，帮助学生在思考、实践、探究的过程中掌握科技知识。

作为“STEAM教育名校名师”丛书中的一本，本书将几年来北京市第二中学创客社团的课程资源和内容进行了梳理与整合，形成了项目式学习的课程资源。希望本书可以更好地帮助更多中小学开展科技活动，培养更多科技创新后备人才。

编者

2022年8月

CONTENTS
目 录

第 1 课　开启 Arduino 的大门

打开这本书的你，一定是机器人技术的爱好者，那么机器人是怎么动起来的？又是怎么感知世界的呢？我们怎么和机器人沟通，甚至让机器人具有判断能力呢？Arduino可以帮助大家进入自动控制的海洋，培养创客的基本素养，从而知道机器人能做什么，还能对机器人如何做到这些有基本的认识，并可以自己动手制作相关作品。本课我们就先来了解一下Arduino。

科学与知识

Arduino是一款具有开源代码、易于学习的电子系统平台，由硬件（各类Arduino主控板和外围模块）和软件（Arduino IDE等开发工具及库文件）组成，2005年由欧洲开发团队率先推出，开发者经过多年的完善，形成了目前比较完整的Arduino项目体系。

很多Arduino爱好者在论坛上共同学习，发布自己的作品，对别人的项目提出建议。Arduino被称为“科技艺术”。开始学习Arduino，就意味着大家步入了一个集体。

我们可以通过各种各样的传感器让Arduino感知环境，通过控制灯光、电机和其他装置来提供反馈、影响环境，通过编程语言来实现对输入/输出设备的控制。对Arduino主控板进行编程，一般可以采用图形化和代码两种方式。

Arduino主要包含两个部分：硬件部分是可以用来进行电路连接的Arduino主控板，另一个则是计算机中的程序开发环境，本书采用Mixly。大家在Mixly中编写程序，将程序上传到Arduino主控板中，Arduino主控板就知道要做什么了。

技术与实践

几种常见的 Arduino 主控板

常见的Arduino主控板如图1-1所示。Arduino主控板有点类似计算机主板，都有一块核心芯片可以进行运算和处理。我们可以用主控板控制各种小模块来完成任务。目前常用的Arduino主控板包括Arduino Uno、Arduino Mini、Arduino Nano、Arduino MEGA2560等型号，其中Arduino Uno是最经典的Arduino主控板。

图 1-1　常见的Arduino主控板

任务与实现

1. 安装 Mixly 图形开发环境

Mixly是一款基于Blockly的开源图形化Arduino编程软件，是由北京师范大学傅骞教授及其团队开发的一款面向中小学创客教育的免费编程工具。Mixly具有入门快、软件更新频率高、安装方便和可免费下载的特点，国内许多中小学选择使用Mixly作为编程软件。

Mixly是一款图形化编程软件，编程过程直观、简便，用户不需要敲键盘编写复杂的代码，只需要拖曳积木，就可以实现想要的效果了。

首先，进入Mixly官网，在“软件平台”的下拉选项框中选择“Mixly官方版”，如图1-2所示（由于网站会不断更新，本书中的官网界面截图可能和大家看到的不同，大家可根据实际情况选择）。

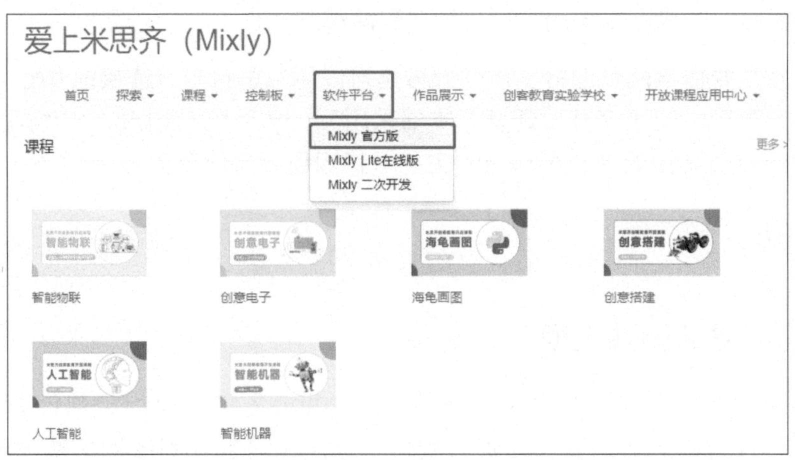

图 1-2　选择软件平台下载入口

进入软件下载页面，选择适合你的操作系统的Mixly版本，单击版本名称链接（见图1-3红框内），这里选择的是适用于Windows 7和Windows 10的版本。

图 1-3　选择适合你的操作系统的 Mixly 版本，单击版本名称链接

接着，在进入的页面中选择下载链接，如图 1-4 所示。

图 1-4　选择下载链接

以百度网盘下载为例，单击“百度网盘下载”，进入下载页面选择要下载的压缩文件，这里选择Mixly_WIN1.1.5.7z，单击“下载”，如图 1-5 所示。

返回上一级 | 全部文件 › Mixly1.0 › win7-10
已选中1个文件/文件夹　保存到我的百度网盘　下载
wch_ch64.exe
wch_ch32.exe
Mixly_WIN1.1.5.7z
Mixly_WIN.7z

图 1-5　选择要下载的压缩文件

下载完成后，解压文件，打开Mixly_WIN1.1.5文件夹，我们就能看到图 1-6 所示的内容。

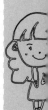

↑ › 此电脑 › 开发 (E:) › works › Mixly_WIN1.1.5 ›

名称	修改日期	类型	大小
.git	2020/12/15 20:17	文件夹	
.lib_cache	2020/12/15 20:17	文件夹	
arduino	2020/12/15 20:21	文件夹	
blockly	2020/12/17 17:06	文件夹	
company	2020/12/17 17:16	文件夹	
microbitBuild	2020/11/28 11:52	文件夹	
mithonBuild	2020/11/28 11:52	文件夹	
Mixly_lib	2020/12/17 17:15	文件夹	
mixlyBuild	2021/4/12 11:53	文件夹	
mixpyBuild	2020/12/17 17:19	文件夹	
mpBuild	2020/12/18 9:55	文件夹	
mylib	2020/12/18 9:55	文件夹	
PortableGit	2020/12/17 18:16	文件夹	
sample	2020/12/18 10:20	文件夹	
setting	2021/4/10 11:09	文件夹	
testArduino	2021/4/10 11:44	文件夹	
tools	2020/11/28 11:54	文件夹	
.gitignore	2020/11/27 14:26	GITIGNORE 文件	1 KB
CHANGELOG.md	2020/11/27 14:26	MD 文件	17 KB
hs_err_pid261532.log	2020/8/24 15:25	文本文档	35 KB
hs_err_pid261800.log	2020/8/24 15:25	文本文档	34 KB
LICENSE	2020/9/10 18:36	文件	12 KB
Mixly.exe	2020/9/10 18:36	应用程序	98 KB
Mixly.jar	2020/11/27 14:26	JAR 文件	3,527 KB
Mixly_Wiki	2020/9/10 18:36	Internet 快捷方式	1 KB
ReadMe.md	2020/9/10 18:36	MD 文件	1 KB

图 1-6　Mixly_WIN1.1.5 文件夹的内容

双击 Mixly_WIN1.1.5 文件夹中的 Mixly.exe 运行软件，将左侧分类中的积木拖入编程界面，我们可以看到在 Mixly 界面右侧代码区生成的代码，然后选择对应的主控板型号、端口号，单击“上传”按钮，Mixly 会完成编译并将程序上传到 Arduino 主控板中，如图 1-7 所示。

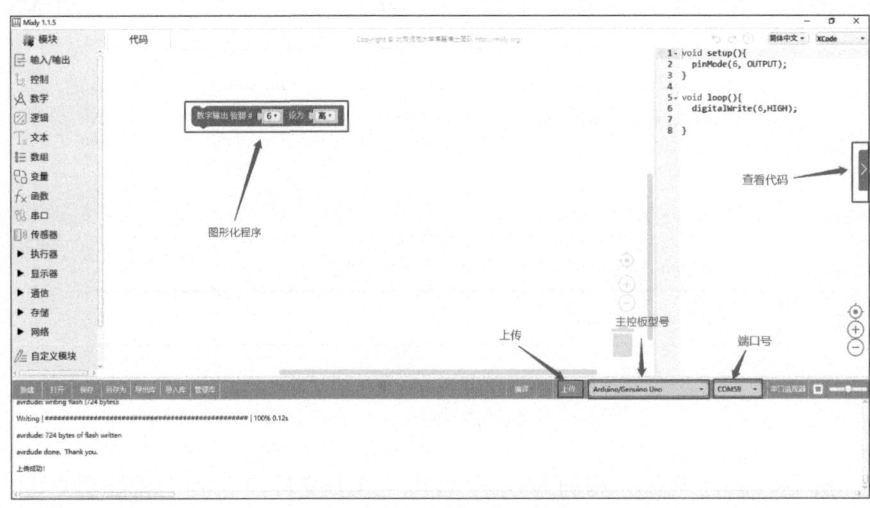

图 1-7　Mixly 界面

2. 安装驱动程序（CH340）

Mixly安装包中默认包含串口驱动程序，Arduino主控板和计算机的连接一般采用USB线。计算机第一次连接Arduino主控板时需要安装驱动程序，以后再连接Arduino主控板时，就不需要再安装驱动程序了。驱动程序在Arduino IDE安装目录的drivers文件夹中。下面以Windows 10操作系统为例介绍驱动程序的安装过程。

用鼠标右键单击“此电脑”图标，选择“管理”，在弹出的“计算机管理”窗口中打开“设备管理器”，找到Arduino主控板对应的设备（USB-SERIAL CH340(COM3)），单击鼠标右键，选择“更新驱动程序”，如图1-8所示。在弹出的窗口中选择“浏览我的计算机以查找驱动程序软件”，如图1-9所示。

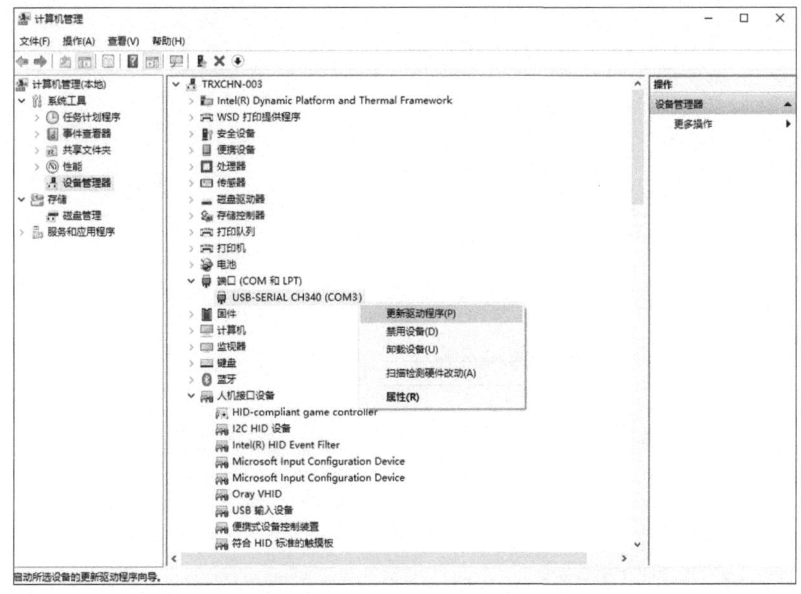

图1-8　找到Arduino主控板对应的设备，用鼠标右键单击“更新驱动程序”

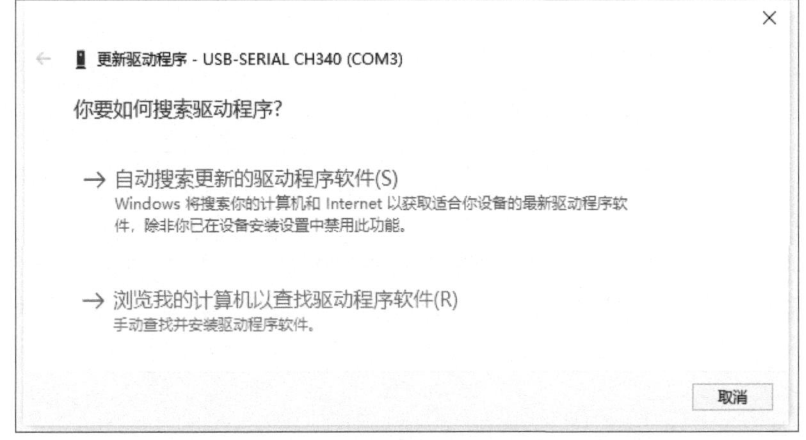

图1-9　选择“浏览我的计算机以查找驱动程序软件”

选择驱动程序所在的文件夹，单击“下一步”（见图1-10），驱动程序安装完成的窗口如图1-11所示。

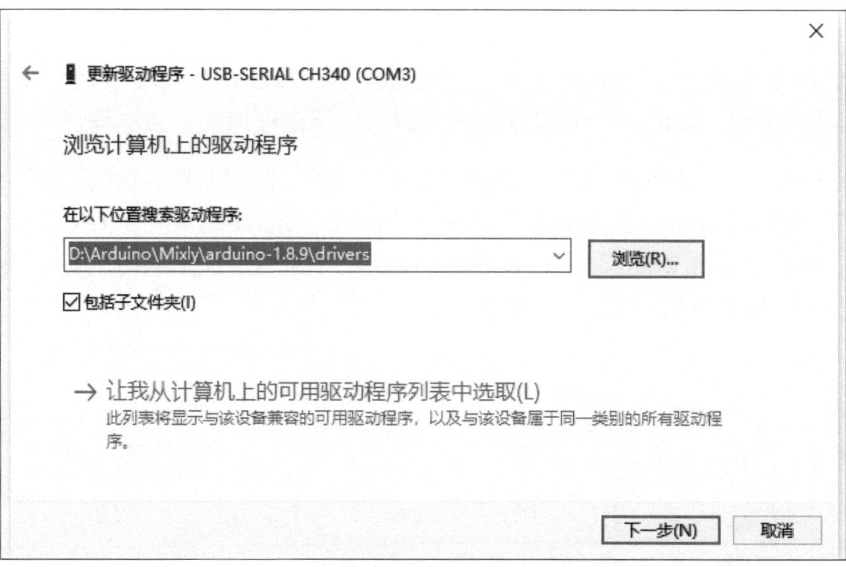

图1-10　选择驱动程序所在的文件夹

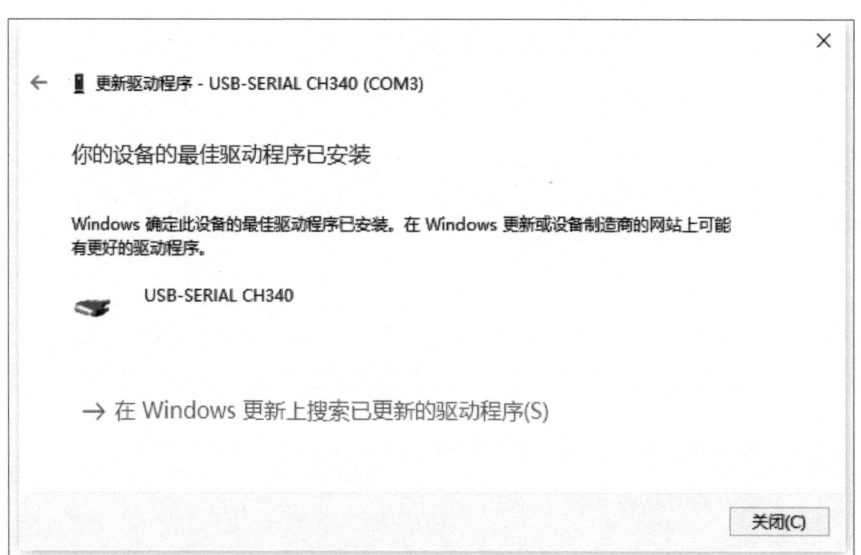

图1-11　安装完成

驱动程序安装之后，在“设备管理器”的“端口”一项中将增加一个COM口设备，请记下该端口号，如图1-12所示，此处Arduino主控板与计算机通信的端口号为COM3。

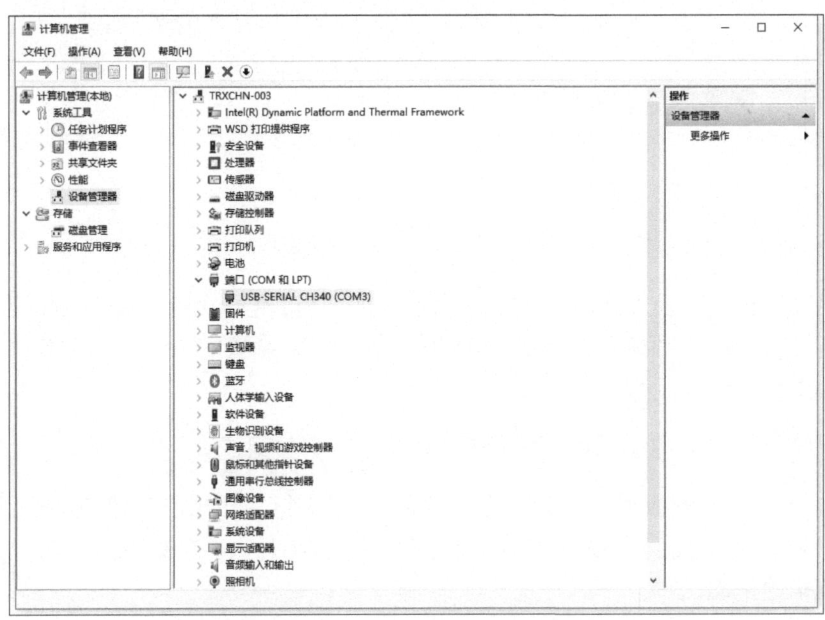

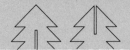

图 1-12　通过“设备管理器”查看端口号

最后要在Mixly编程环境中设置相应的端口号和Arduino主控板的型号，本书使用的Arduino主控板的型号为Arduino Uno，端口设置要与“设备管理器”中显示的Arduino的COM口一致（比如这里是COM3）。

拓展与思考

Arduino使用C/C++语言编写程序，早期的Arduino核心库使用的是C语言，后来引进了面向对象的思想，目前最新的Arduino核心库采用C语言与C++语言混合编写。

传统的针对嵌入式系统的开发，编程者需要了解每个硬件系统寄存器的意义和寄存器之间的关系，然后通过配置多个寄存器来完成所需的功能，而Arduino编程语言通过对底层的AVR单片机库文件AVR-Libc进行二次封装形成核心库，使用核心库提供各种简洁明了的应用程序接口（Application Programming Interface，API），来替代复杂的寄存器配置过程。说得简单一点，使用Arduino主控板可以让编程变得更加容易。

下面给大家举个例子，如图1-13所示，图形化程序对应的代码在右侧的红框中。

pinMode(13,OUTPUT)设置引脚的模式，这里设置13号引脚为输出模式；而digitalWrite(13,HIGH) 让13号引脚输出高电平数字信号。如果我们将一个LED连接在13号引脚上，就会发现这个LED被点亮了。

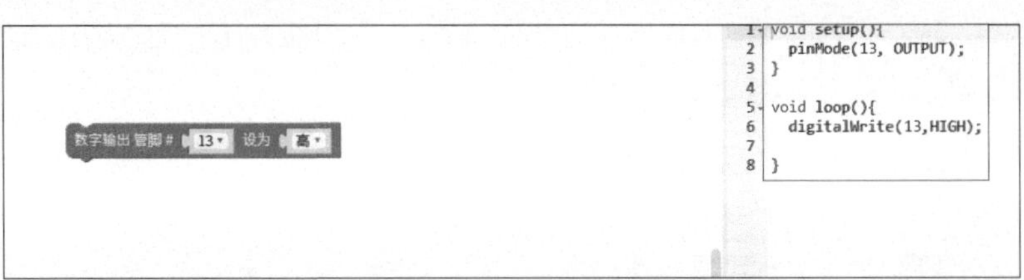

图1-13　点亮LED的程序

C语言编程会涉及main()函数，而在Arduino中，main()函数的定义隐藏在Arduino的核心库文件中。Arduino开发一般不直接操作main()函数，而是使用setup()函数和loop()函数。

代码程序的基本结构由setup() 函数和loop() 函数组成。

（1）Arduino主控板通电或复位后，就会开始执行setup()函数中的程序，该部分只会执行一次。通常我们会在setup() 函数中完成Arduino的初始化设置，如配置I/O端口状态、初始化串口等。

（2）setup()函数中的程序执行结束后，Arduino会接着执行loop()函数中的程序。而loop()函数是一个死循环，其中的程序会不断重复运行。通常我们会在loop()函数中完成程序的主要功能，如驱动各种模块、采集数据等。

第2课 激光切割

本书的主要内容是结合Arduino主控板和激光切割的板材实现具体的作品，因此在介绍了Arduino主控板的基本内容后，本课就带着大家一起来认识一下激光切割。

科学与知识

激光切割是利用激光的光能来加工材料的生产技术，对应的设备叫激光切割机。在计算机的控制下，激光切割机可以通过激光器输出一定频率、一定脉宽的激光束。该激光束经光路系统，聚焦成高功率密度的激光束。激光束照射到工件表面，使工件达到熔点或沸点，同时与激光束同轴的高压气体将熔化或汽化材料残渣吹走。激光束与工件的相对位置不断变化，最终使材料形成切缝，从而达到切割的目的。激光切割机的外观如图2-1所示。

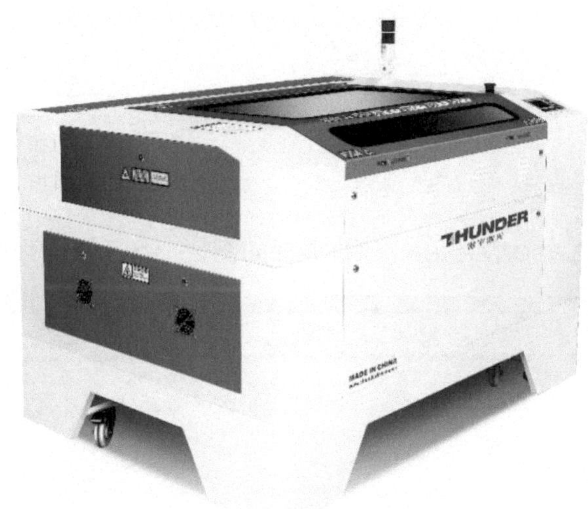

图2-1 激光切割机的外观

激光切割的优点是加工速度快，不足之处是，在设计外壳时，我们要考虑各个面的插口问题，这就需要具有一定的空间想象能力，同时我们也需要掌握一两款矢量图绘制软件的使用方法。

技术与实践

由于激光切割机是平面加工设备，在使用前我们需要绘制平面图纸（激光切割机会按照图纸进行加工），绘制平面图纸的过程被称为激光切割建模（以下简称为“建模”）。

本书中使用的建模软件为LaserMaker，这是一款由雷宇科教团队开发的免费建模软件，该软件简单易用，我们可以直接在软件中设置激光切割加工工艺和参数。

下载LaserMaker，需要进入其官网。选择最新版本进行下载，在这里我们选择的版本为1.7.0。

下载后得到一个压缩文件，解压后双击Setup.exe安装软件，在弹出的对话框中选择“立即安装”。这里需要注意的是，如果需要安装CorelDrawX7插件或AutoCAD插件，则要勾选对应的选项（一般不需要勾选），如图2-2所示。

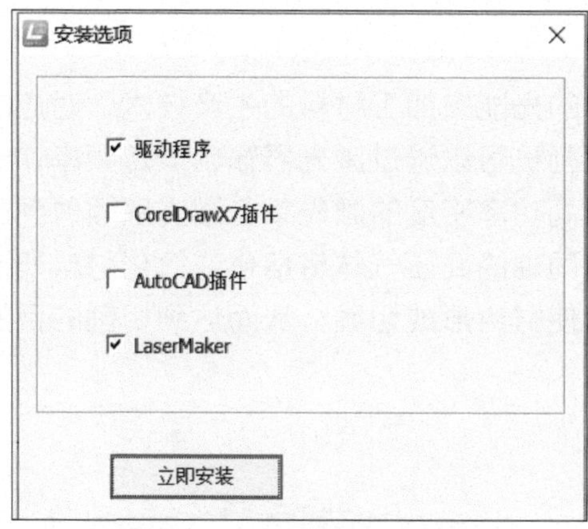

图2-2　安装LaserMaker

接下来根据提示完成安装。

安装完成后启动LaserMaker，软件界面如图2-3所示。

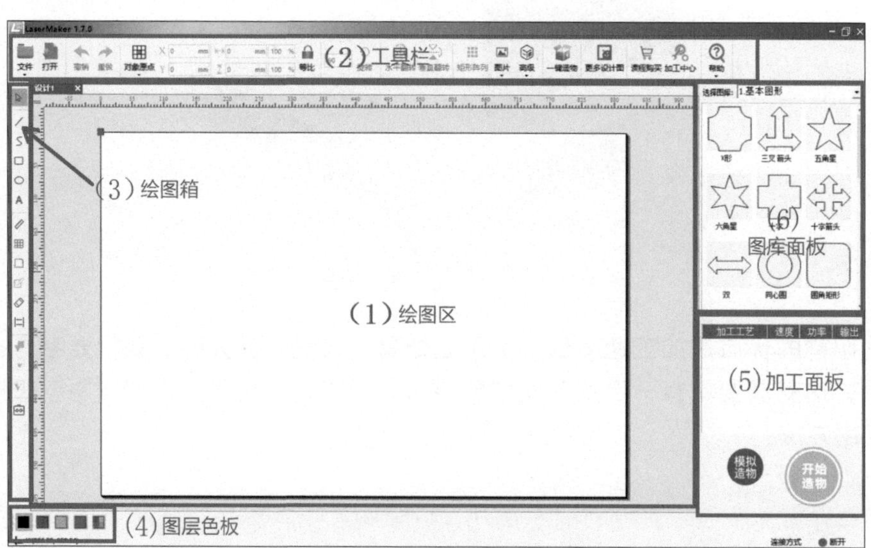

图2-3　LaserMaker的界面

软件界面中主要有绘图区、工具栏、绘图箱、图层色板、加工面板和图库面板。

其中，绘图区是绘制、编辑图形的区域，其中的白色区域是建模的地方。在此区域，单击鼠标可以进行建模，滑动鼠标滚轮可以对图像进行缩放，按住鼠标右键移动鼠标能够拖动绘图区。

工具栏放置了文件操作、对象属性设置、图形与图片操作、帮助等功能按钮。

绘图箱分布着常用的绘图工具按钮，除了线段工具、椭圆工具、矩形工具、文本工具，还有测距工具、网格工具、裁剪工具、圆角工具、对齐工具、交集工具、并集工具、补集工具等辅助工具，这些工具可以帮我们快速地完成建模。

图层色板中有20种颜色标识，用于设置和区分选定对象的加工工艺。完成建模后，可以选中相应的对象设置不同的颜色标识，不同的颜色表示不同的加工工艺，这样的形式有利于用户通过视觉来分辨不同的工艺，为了方便使用常用的加工工艺，LaserMaker默认设定黑色表示切割工艺、红色表示描线工艺、黄色表示浅雕工艺、蓝色表示深雕工艺，当然，这4种工艺的色板也可以自行调整。

加工面板是对绘制图形设置加工工艺和加工参数的功能面板，该面板又分为两部分，一个是激光工艺图层面板，另一个是激光造物面板。在激光工艺图层面板中，根据不同的颜色列出了不同的加工工艺，用户双击对应的图层能够进行具体的参数设置，包括加工材料、加工工艺和加工厚度，双击加工厚度的参数还可以调出加工速度、功率等。在激光造物面板中有“模拟造物”和“开始造物”两个按钮，单击“模拟造物”可以进入模拟激光加工的窗口，预览加工过程；而单击“开始造物”则会将图纸导入激光切割机中，实现真正的激光造物。

图库面板存放了很多能够直接使用的图形元素，包括常用的多边形、螺旋线、动物图形、机械结构等。这里还有一个自定义图库，供用户收藏喜欢的素材。

任务与实现

了解了LaserMaker的界面后，我们来绘制一个Arduino Uno主控板的安装板。一般在使用Arduino主控板时，会通过一个小的面包板（专业名称为实验电路板）来连接电路，安装板的功能就是让Arduino Uno主控板和面包板（见图2-4）相对固定地上下排在一起。

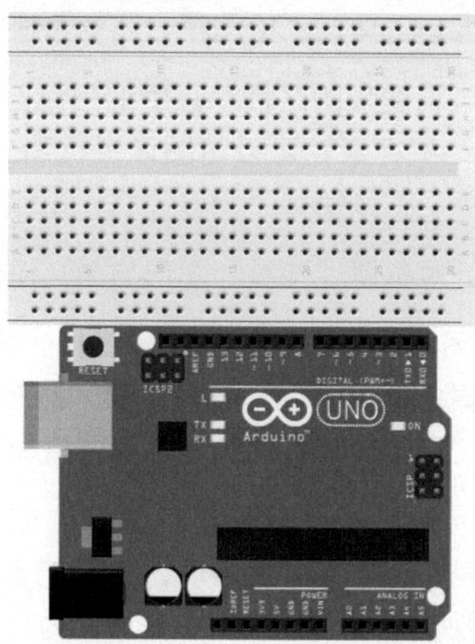

图2-4　Arduino Uno主控板（下）和面包板（上）

面包板背面有双面胶，可以直接贴在安装板上，而Arduino Uno主控板则需要通过螺栓固定在安装板上。

建模前需要知道安装板具体的尺寸。面包板长8.5cm、宽5.5cm。Arduino Uno主控板的尺寸也可以查到，不过这里还需要知道定位孔的具体位置，所以需要查看尺寸图（见图2-5）。

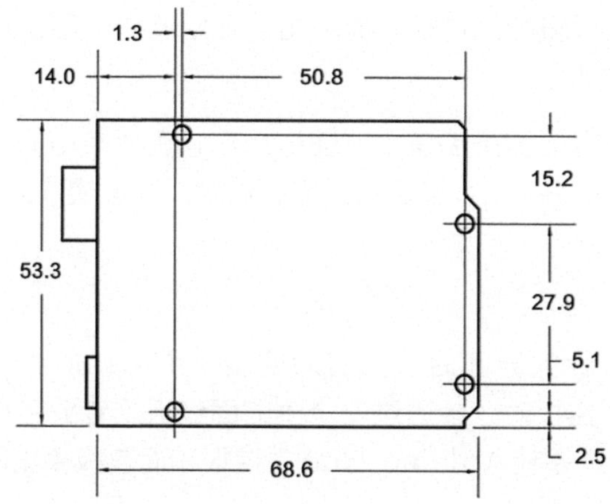

图2-5　Arduino Uno主控板的尺寸

图2-5中尺寸的单位为mm。由图2-5可知，Arduino Uno主控板的整体大小为68.6mm×53.3mm。因此可以确定安装板的宽为85mm（以面包板的长度为依据），长为110mm（55mm+53.3mm=108.3mm，这里设计得稍大一些，取110mm）。接着，在LaserMaker的绘图箱中选择矩形工具，然后在绘图区绘制一个矩形，如图2-6所示。

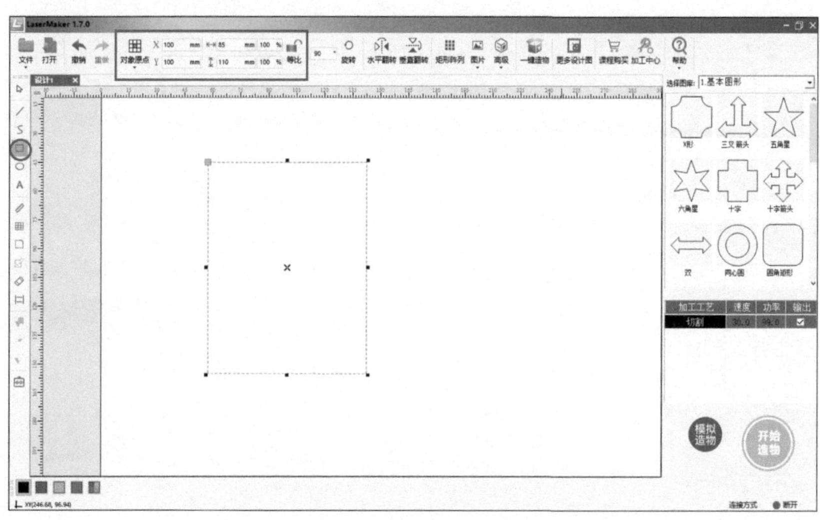

图2-6 在绘图区绘制一个矩形

这个矩形的尺寸不是很精确，因此我们需要在工具栏中手动调整它的大小。在图2-6中红框的最右侧有一个锁形的按钮，这个按钮如果是“锁”着的，我们需要将其点开，表示可以随意调整矩形的大小。

软件的尺寸单位为mm，所以这里输入的数据为85和110。为了方便确定定位孔的位置，我们将矩形中心点的坐标设置为（100,100），就是对应的*X*、*Y*的数据。

这里让Arduino Uno主控板的右下角与安装板的右下角对齐。先绘制右下角的定位孔，通过图2-5可以知道右下角的定位孔与底边的距离为5.1+2.5=7.6(mm)，而与右边的距离为68.6-50.8-14-1.3=2.5(mm)。

选择椭圆工具，在绘图区绘制一个椭圆，若椭圆的长轴、短轴大小一样，那么该图形就是一个圆。Arduino Uno主控板定位孔的直径为3mm，这里稍微取大一些，为3.2mm，而这个圆的原点（圆心）坐标如下。

X：100（中心）+ 85/2（安装板宽度的一半）-2.5=140(mm)

Y：100+110/2-7.6=147.4(mm)

这个定位孔绘制完之后的效果如图2-7所示。

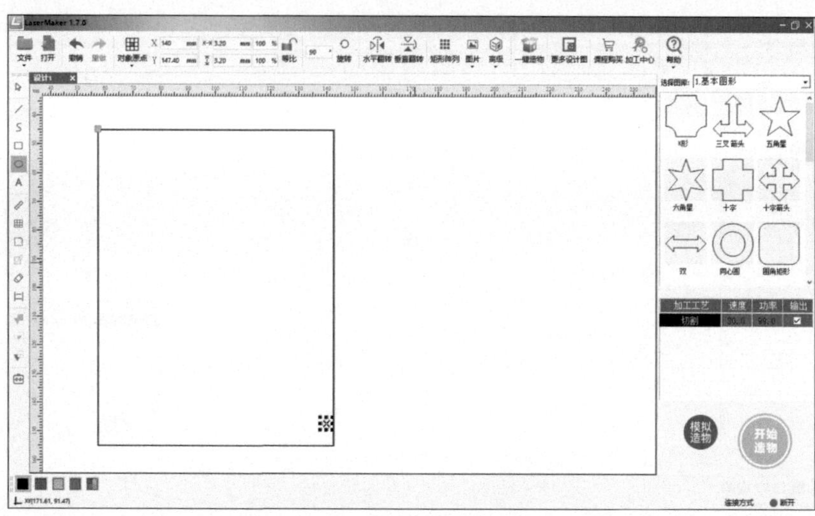

图2-7　绘制右下角的定位孔

注意图中圆的各个参数。接着绘制Arduino Uno主控板右上角的定位孔，这个孔距离右下方的定位孔27.9mm，因此对应的原点坐标如下。

X：140(mm)

Y：147.4-27.9=119.5(mm)

这个定位孔绘制完之后的效果如图2-8所示。

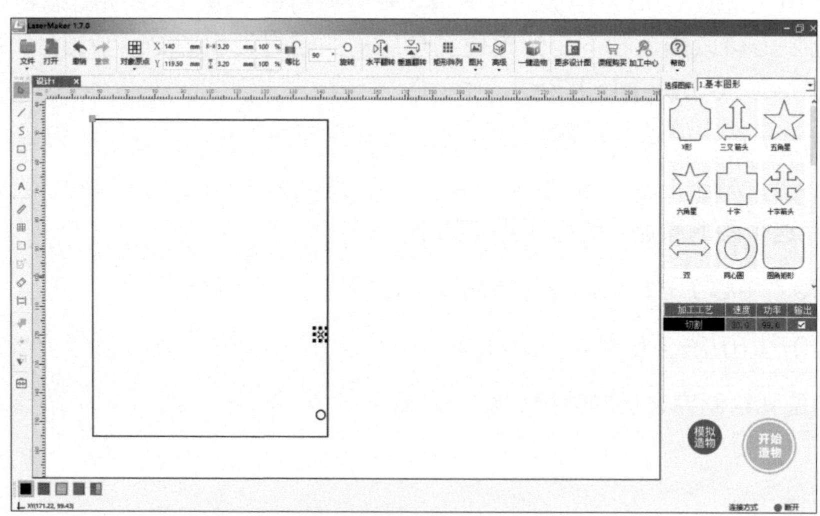

图2-8　绘制右上角的定位孔

最后我们来看一下左侧的两个定位孔。

左上角的定位孔距离右侧的两个定位孔的水平距离为50.8mm，距离右上角定位孔的垂直距离为15.2mm，因此对应的原点坐标如下。

X：140-50.8=89.2(mm)

Y：119.5-15.2=104.3(mm)

左下角的定位孔距离底边2.5mm，而距左上角定位孔的水平距离为1.3mm，因此对应的原点坐标如下。

X：89.2-1.3=87.9(mm)

Y：100+110/2-2.5=152.5(mm)

这两个定位孔绘制完之后的效果如图2-9所示。

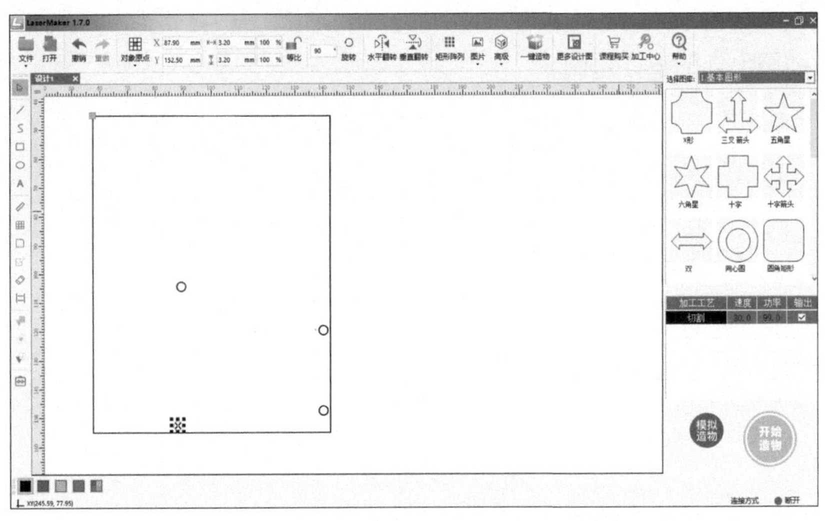

图2-9　Arduino Uno主控板的安装板建模完成

这样一个简单的Arduino Uno主控板安装板就完成建模了。通过这个任务我们可以知道，只要确定了物体具体的尺寸，就能够完成建模工作。

拓展与思考

激光加工技术除了激光切割、激光雕刻，还有激光焊接。汽车零件、锂电池、心脏起搏器、密封继电器等密封器件及各种不允许焊接污染和变形的器件采用激光焊接来加工。而除了加工领域，激光的用途还有很多。

医学方面，激光的应用主要分3类：激光生命科学研究、激光诊断、激光治疗。其中激光治疗又分为激光手术治疗、弱激光生物刺激作用的非手术治疗和激光的光动力治疗。

在通信领域，激光通信是利用激光传输信息的一种通信方式。按传输介质不同，激光通信可分为大气激光通信、空间激光通信、水下激光通信和光纤通信。大气激光通信的发送设备主要由激光器（光源）、光调制器、光学发射天线等组成；接收设备主要由光学接收天线、光检测器等组成。发送信息时，先将信息转换成电信号，再由光调制器将

其调制在激光器产生的激光束上，经光学发射天线发射出去。接收信息时，光学接收天线将接收到的光信号聚焦后，送至光检测器恢复成电信号，再还原为信息。大气激光通信的容量大、保密性好，不受电磁干扰。但激光在大气中传输时受雨、雾、雪、霜等影响，衰减会增大，故一般用于海岛、江河、高山峡谷等地的近距离通信。

创新与延伸

如果我们想给这个安装板的底部增加一个支架，应该怎么完成建模工作?

1. 创新设计

请在下面画出你的设计草图。

2. 案例分享

可以在安装板上、下两个窄边插入4个木条作为支架。绘制支架时要注意将支架的侧面插入安装板上，因此这里要考虑所切割板材的厚度，这个厚度就是要在安装板上开的安装槽的宽度。

假设使用的是3mm厚的板材，我们要在距离上、下两个窄边8mm，距离左、右两边8mm的位置处分别装4个卡槽长15mm的支架，则左上角支架安装槽的原点坐标如下。

X：100（中心）- 85/2（安装板宽度的一半）+8（距离左边距5mm）+15/2（支架卡槽长度的一半）=73(mm)

Y：100-110/2+8+3/2=54.5(mm)

而右上角支架安装槽的原点坐标如下。

X：100（中心）+ 85/2（安装板宽度的一半）-8（距离左边距5）-15/2（支架卡槽长度的一半）=127(mm)

Y：100-110/2+8+3/2=54.5(mm)

绘制两个支架安装槽后的效果如图2-10所示。

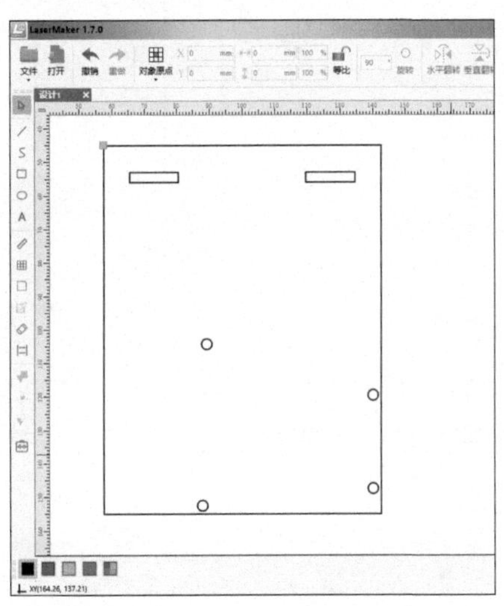

图2-10　绘制两个支架安装槽

对应地，左下角支架安装槽的原点坐标如下。

X：73(mm)

Y：100+110/2-8-3/2=145.5(mm)

右下角支架安装槽的原点坐标如下。

X：127(mm)

Y：145.5(mm)

安装槽绘制完成后的效果如图2-11所示。

安装板的图纸画好之后，再来绘制支架，假设支架高10mm、宽18mm，支架顶端要窄一些，为15mm，因此可以绘制两个矩形，一个矩形大小为7mm×18mm，而另一个矩形大小为3mm×15mm（因为板材厚度为3mm，所以支架顶端较窄的地方高为3mm），两个矩形上下排列，左右居中对齐，效果如图2-12所示。

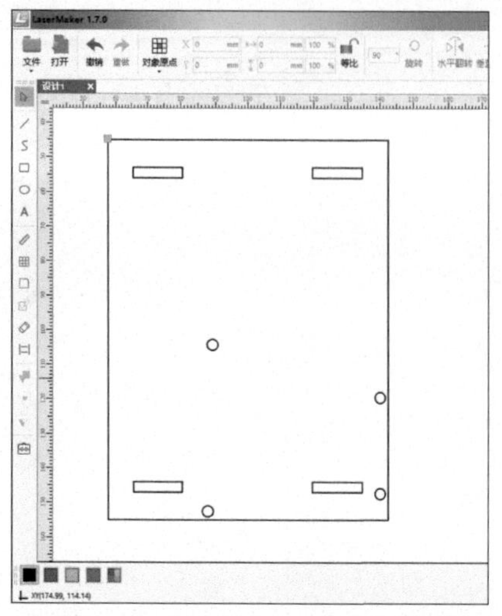

图2-11　绘制4个支架安装槽

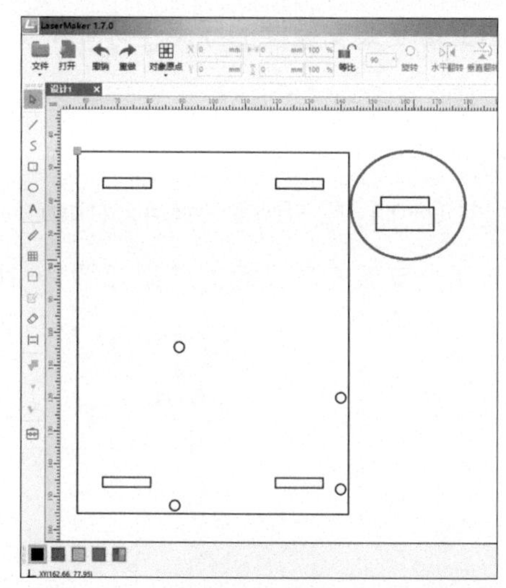

图2-12　绘制两个挨在一起的矩形

目前这两个矩形是分开的，激光切割后不会得到一个完整的支架，为了将两个矩形组合在一起，我们需要用到绘图箱中的并集工具。先选中两个矩形，然后单击并集工具，就会得到图2-13中的图形。

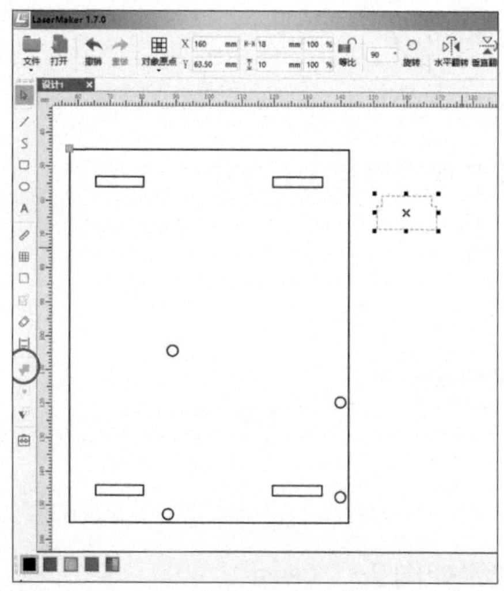

图2-13　使用并集工具合并两个矩形

这样就得到了一个完整的支架。通过这个操作我们知道，并集实际上就是将多个图形合并形成一个只保留最大外围尺寸的图形。接下来将这个支架的图形复制3份，就能得到4个支架，最后的效果这里就不展示了。

3. 创新应用

大家可以考虑一下，如果在4个角的位置斜着安装4个支架，应该怎么绘制安装板的图纸？

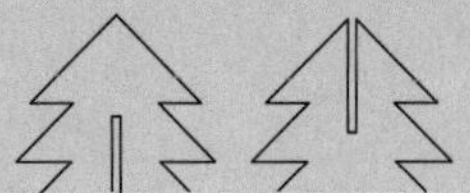

第 3 课　交通路口

上一课我们学习了LaserMaker的基本用法，本课我们继续学习激光切割建模。这次我们要为一个盒子建模，这个盒子的上表面是一个交通路口的图案，路口的4个角处有一些松树的装饰性图案。

科学与知识

前面我们绘制了基本的图形（圆形和矩形），需要先算好图形的尺寸，然后将其输入参数框中，下面我们深入学习软件的更多使用方法，利用这些工具可以提高建模的效率。

平面建模可以简单理解为通过3种操作绘制图形（其实三维建模也可以归结为这3种操作）：并集、交集和差集。大多数图形能够通过这3种操作得到。

技术与实践

对并集、交集和差集操作进行如下介绍。

并集在上一课中已经介绍过，就是将多个图形合并形成一个只保留最大外围尺寸的图形。下面我们介绍交集和差集操作。

交集操作所实现的效果与并集相反，并集是取最大外围尺寸的图形，而交集是取相交面积最小的图形。比如在图3-1中，对左侧两个图形进行交集操作后，将得到右侧的图形。

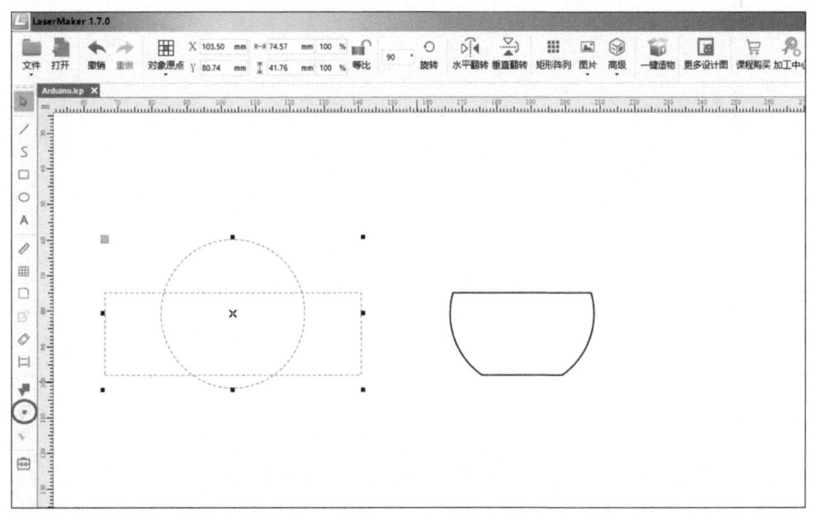

图3-1　交集操作

差集操作是从某一个图形中减去两个图形相交的部分，如图3-2所示，从大的矩形中减去小的矩形，则会得到右侧的图形。

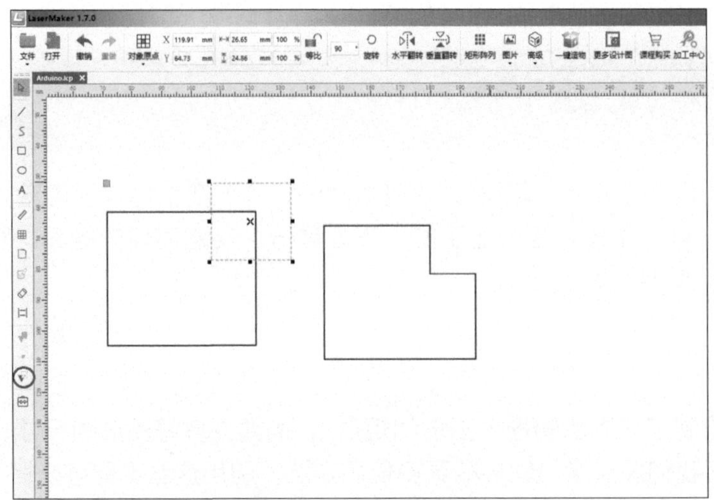

图3-2　差集操作

进行差集操作的时候要注意，差集操作要选中的图形是减去的图形，不用选中的是被减的图形，图3-2中是选中小矩形再单击差集工具的结果。如果选中大矩形再单击差集工具，则会得到不一样的图形，如图3-3所示。

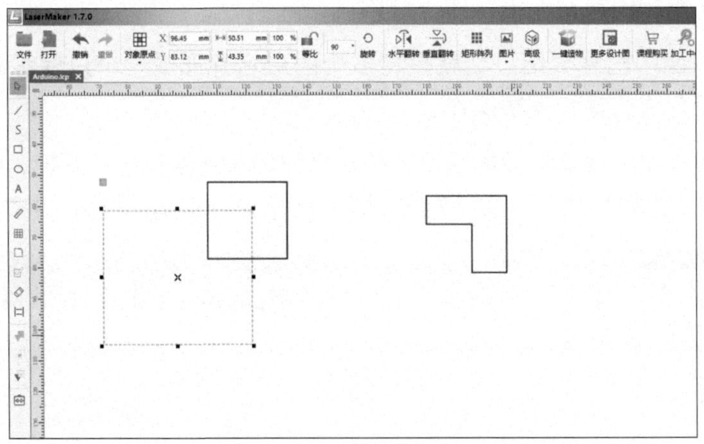

图3-3　不同的差集操作

任务与实现

1. 任务描述

接下来，我们绘制一个上表面是一个交通路口图案的盒子。

2. 动手实践

绘制这个盒子的主要工作就是设计上表面，上表面要展示一个十字路口的俯视图。我们把整个绘制过程分为以下几步。

（1）下表面的设计

我们设置盒子的上表面和下表面的尺寸为145mm×145mm。首先绘制一个边长为145mm的正方形，如图3-4所示。

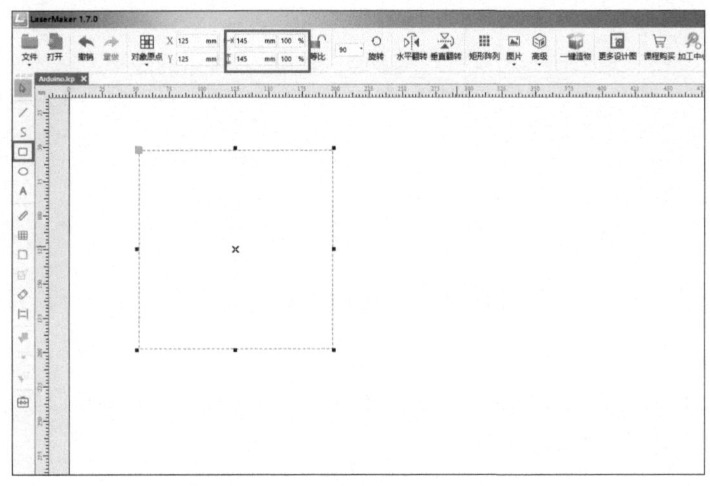

图3-4　绘制一个正方形

单击圆角工具，将半径设为10mm，接着单击正方形的角，即可将正方形的直角转换为圆角，对4个角依次进行同样的操作，将正方形转换为圆角正方形，如图3-5所示。

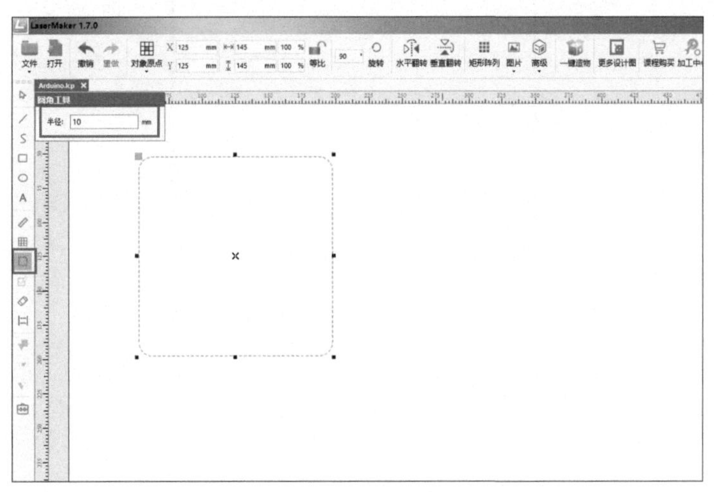

图3-5　将4个角转换成圆角

接着绘制盒子上4个侧板的插槽，这里依然选择3mm厚的板材，将插槽的长度设置为20mm，绘制一个长20mm、宽3mm的矩形，同时复制一个与之相同的矩形，将两

个矩形的中心之间的水平距离设置为60mm，如图3-6所示。

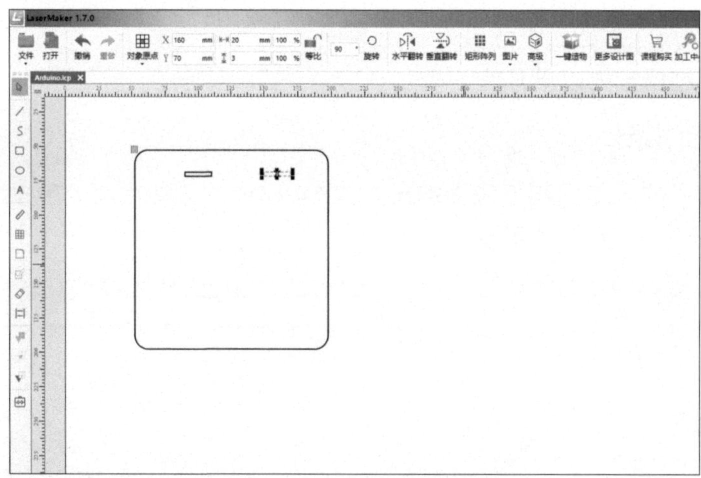

图3-6　绘制并复制矩形

这两个矩形要相对于下表面的竖直中线左右对称，不用手动计算，通过软件的辅助功能即可完成。

选中两个矩形，按住鼠标左键将它们拖曳到下表面顶端边缘的位置，这时我们会发现绘图区中出现了两条绿色的辅助线，如图3-7所示。

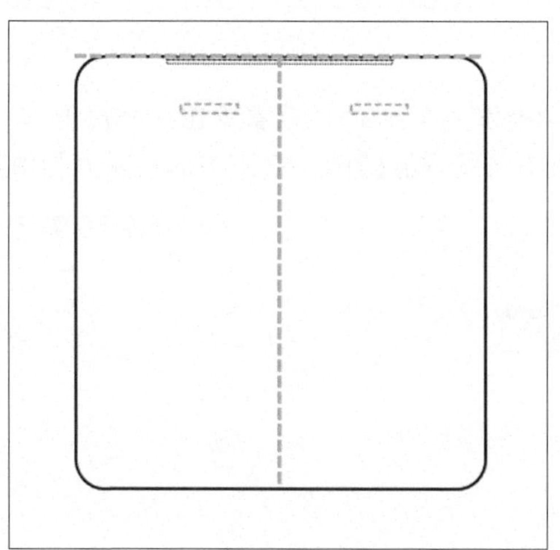

图3-7　出现的绿色辅助线

此时如果放开鼠标左键，两个矩形就会被放置在图形的边缘，同时基于图形的竖直中线左右对称，如图3-8所示。

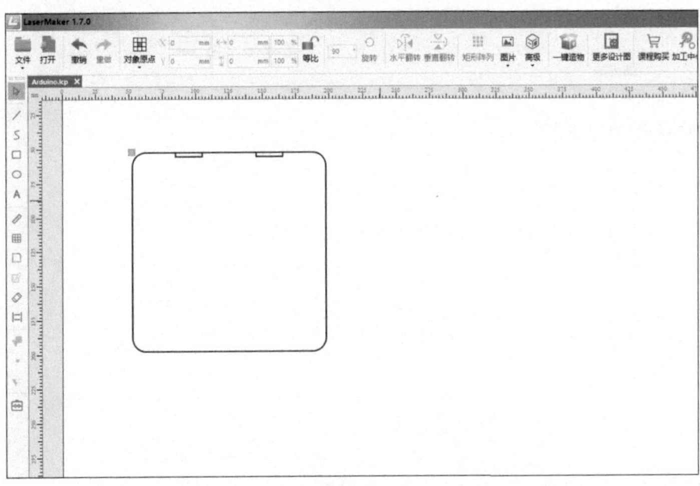

图3-8　两个矩形被放置在图形边缘

下一步，选中两个矩形，单击“矩形阵列”，将“水平个数”设为1，“垂直个数”设为2，“垂直间距”设为118mm，效果如图3-9所示。

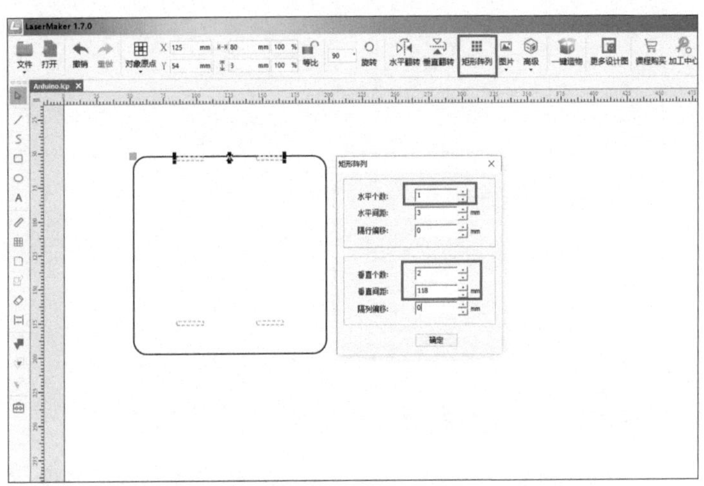

图3-9　通过“矩形阵列”复制两个矩形

这时我们已经有了4个插槽，选中这4个插槽，使其以圆角正方形的中心为中心对称排列，如图3-10所示（此时依然使用绿色的辅助线）。

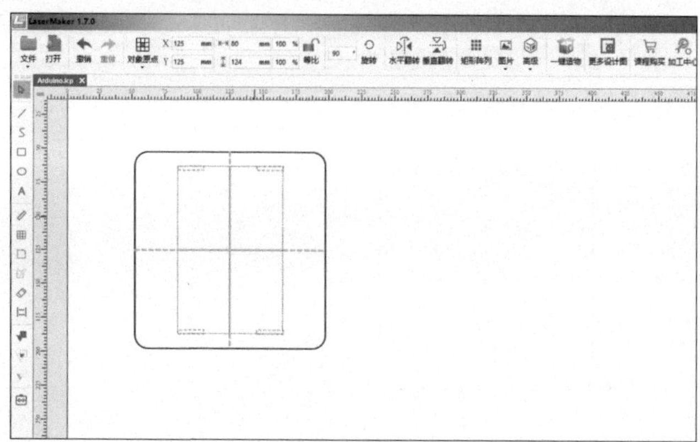

图3-10　将4个插槽以圆角正方形的中心为中心对称排列

下面，绘制左右两个侧板的插槽。选中并复制上述的4个插槽，如图3-11所示。

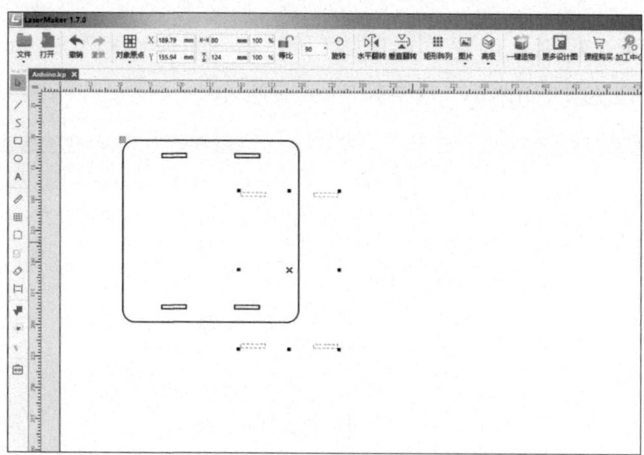

图3-11　选中并复制4个插槽

通过“旋转”工具将这4个插槽旋转90°，如图3-12所示。

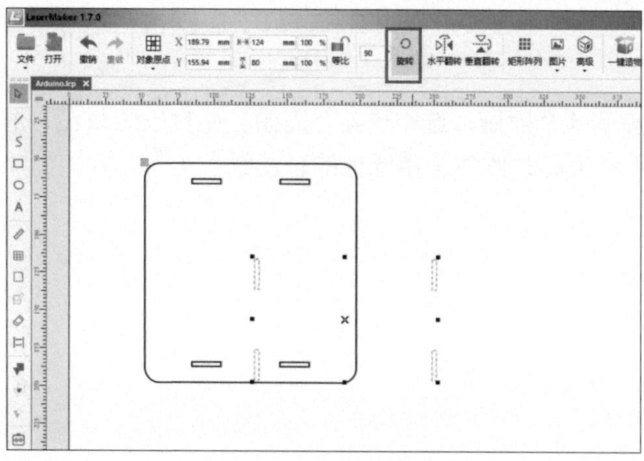

图3-12　将这4个插槽旋转90°

最后将这4个插槽也以圆角正方形的中心为中心对称排列，这样就完成了下表面的设计，如图3-13所示。

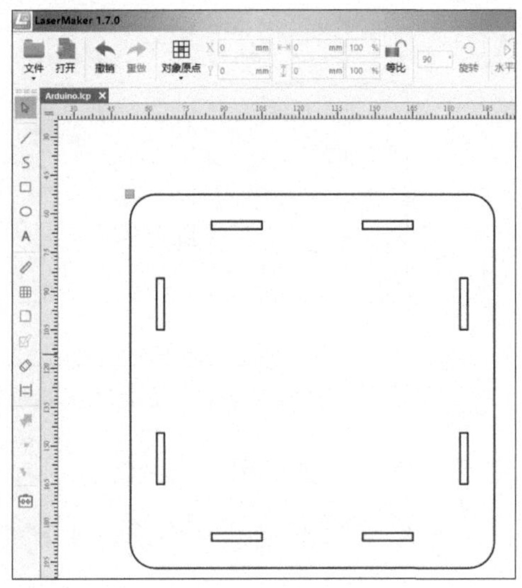

图3-13 完成下表面的设计

（2）上表面的设计

上表面的设计可以基于下表面的设计来进行，因此可以先复制一个下表面，然后在4个角分别增加一个大小为52.5mm × 52.5mm的“绿化区”（大小可以自己设定），如图3-14所示。

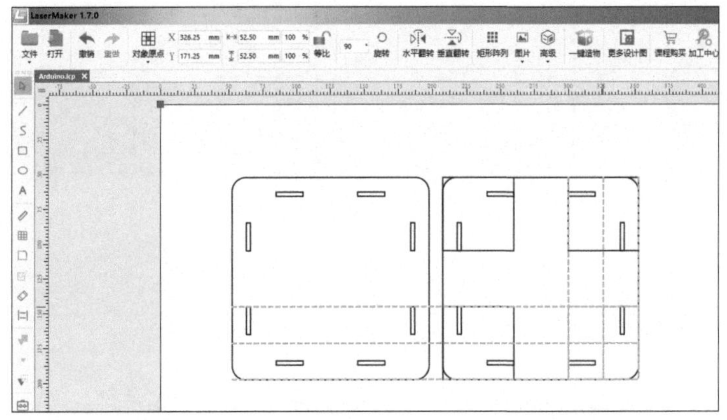

图3-14 在4个角分别增加一个“绿化区”

接着，单击圆角工具，将半径设为10mm，将上表面的4个角和“路口”的4个角均设置为圆角，如图3-15所示。

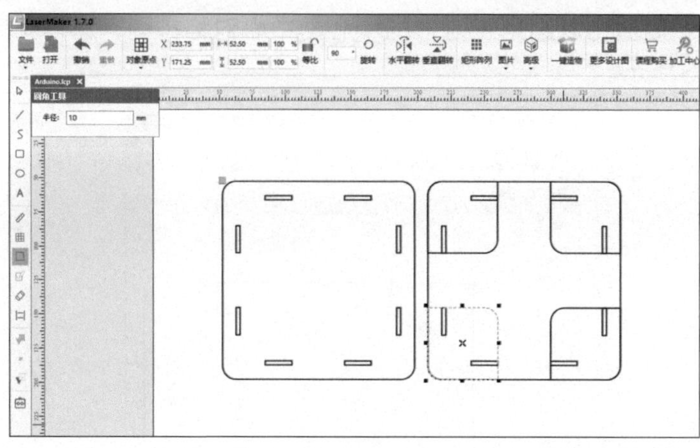

图3-15　将上表面4个角和“路口”的4个角均设置为圆角

“绿化区”画好之后，我们来添加一些松树作为装饰。

“松树”图案由等腰三角形和矩形组成，先用线段工具绘制一个直角三角形，如图3-16所示。

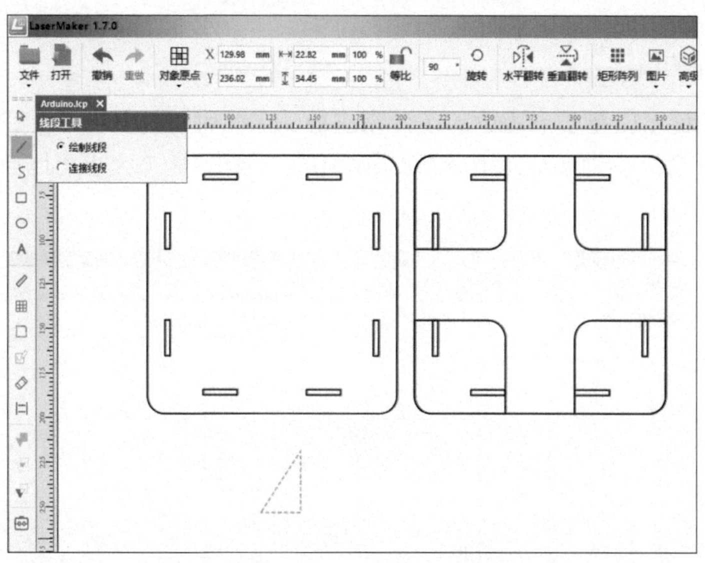

图3-16　绘制一个直角三角形

然后复制这个直角三角形并使用“水平翻转”功能将复制的三角形翻转，再将其与之前的三角形贴在一起，如图3-17所示。

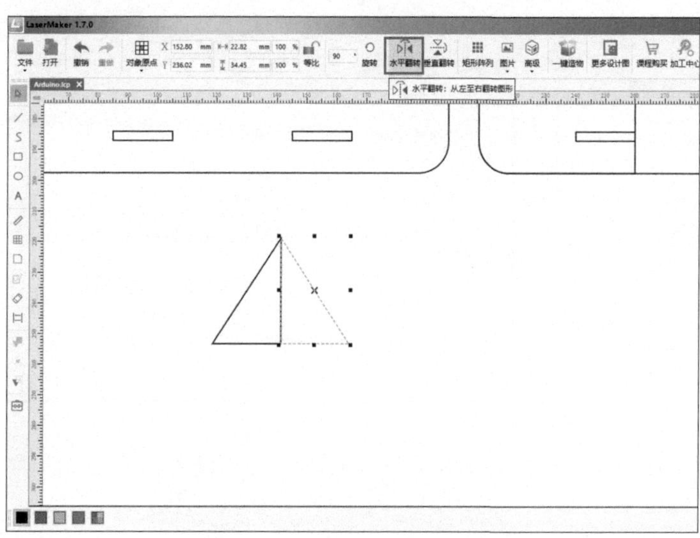

图3-17 复制并翻转复制的三角形

使用并集工具将这两个三角形组合变成一个等腰三角形，然后再复制两个等腰三角形。接着画一个矩形，并将该矩形与3个等腰三角形组合在一起，拼成一棵“松树”，如图3-18所示。

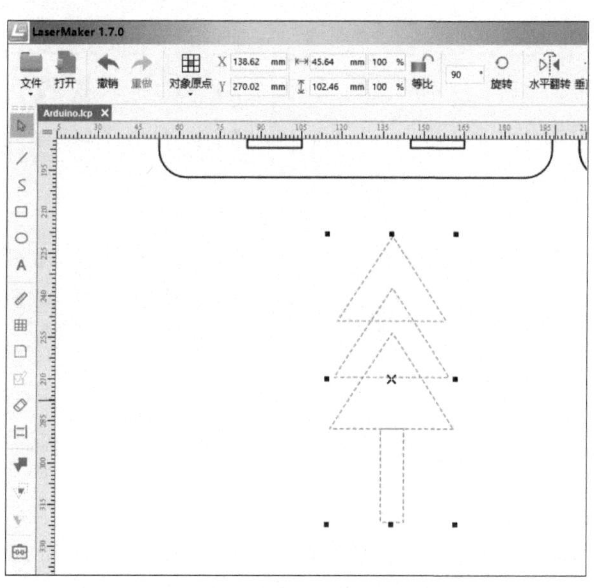

图3-18 拼成一棵“松树”

使用并集工具组合图形，然后选中“松树”，调整大小后单击“矩形阵列”，将“水平个数”设为4，“垂直个数”设为2，“水平间距”设为5mm，“垂直间距”设为10mm。将所有“松树”移至合适位置，确保其在“绿化区”之内，效果如图3-19所示。

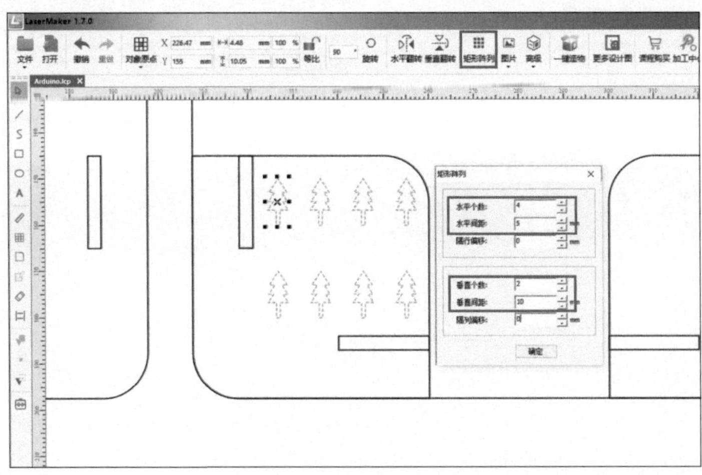

图3-19　使用“矩形阵列”复制“松树”

最后使用复制和翻转功能为每个“绿化区”都添加“松树”，完成后的上表面和下表面如图3-20所示。

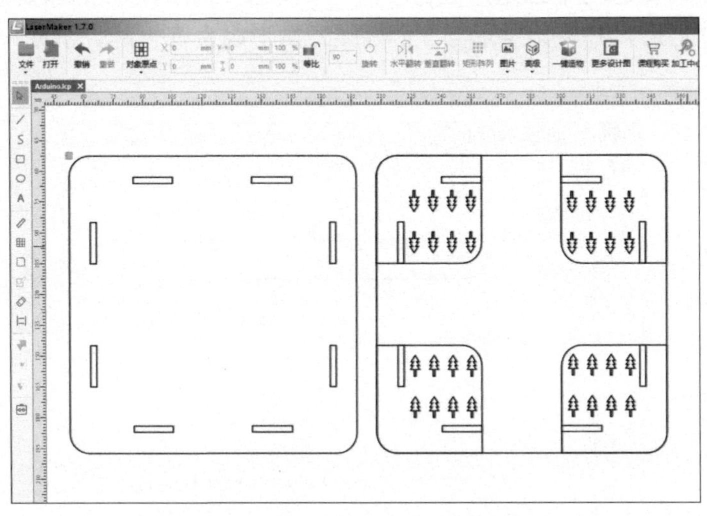

图3-20　完成后的下表面和上表面

（3）侧板的设计

盒子的侧板主要用于连接上表面和下表面，这个操作比较简单，可以参考上一课中绘制支架的过程，完成后整个盒子的图纸如图3-21所示（盒子的高度可以自己设定）。

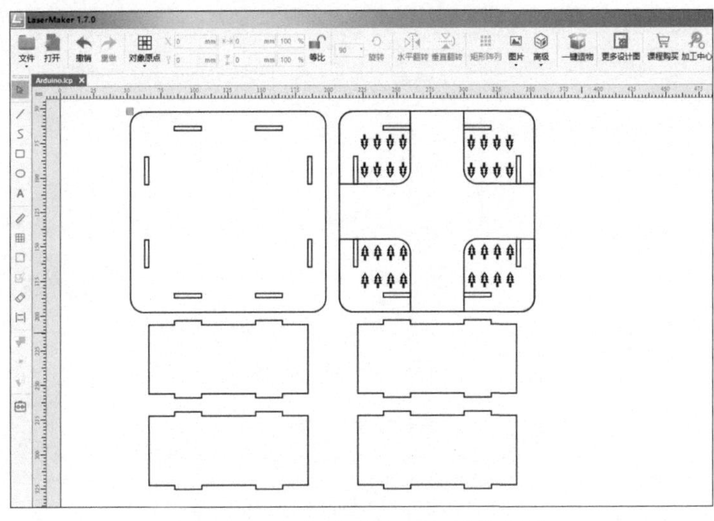

图3-21 完成后整个盒子的图纸

3. 板材切割

完成建模后就可以切割板材了，在切割板材之前还需要设置一下各面板的加工参数，具体操作如下。

（1）设置加工工艺

将“松树”和“绿化区”的加工工艺设置为描线工艺，并在调色板中选择红色；将其余部分的加工工艺设置为切割工艺，并在调色板中选择黑色，如图3-22所示。

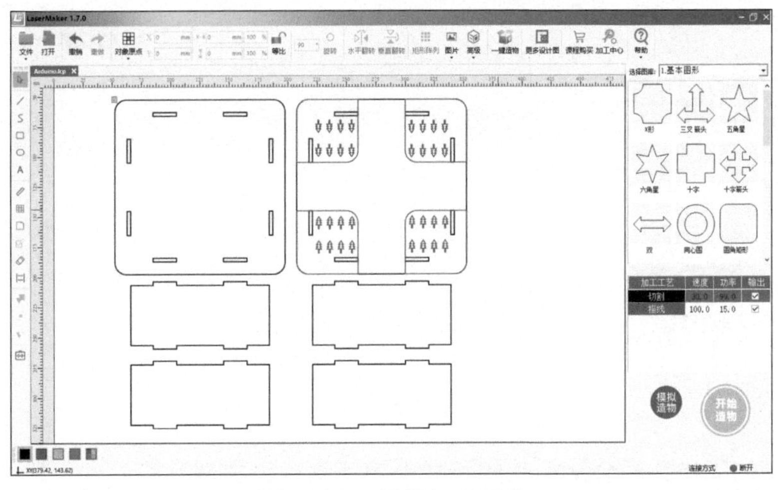

图3-22 设置加工工艺

（2）设置加工参数

双击红色图层，设置加工参数，这里“材料名称”选择“奥松木板”，“加工工艺”选择“描线”，并将“加工厚度（mm）”设置为0.10，如图3-23所示。

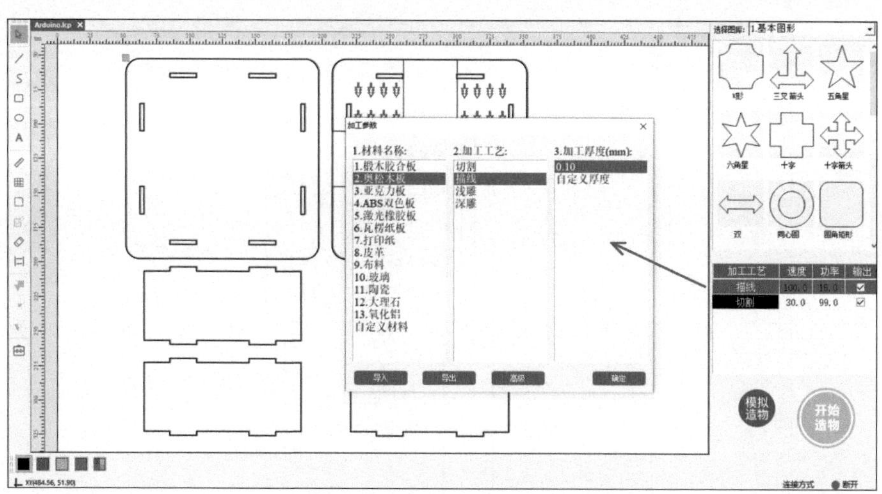

图3-23 设置红色图层的加工参数

同理，双击黑色图层，选择“奥松木板”作为材料，“加工工艺”选择“切割”，并将“加工厚度（mm）”设置为3.00，如图3-24所示。

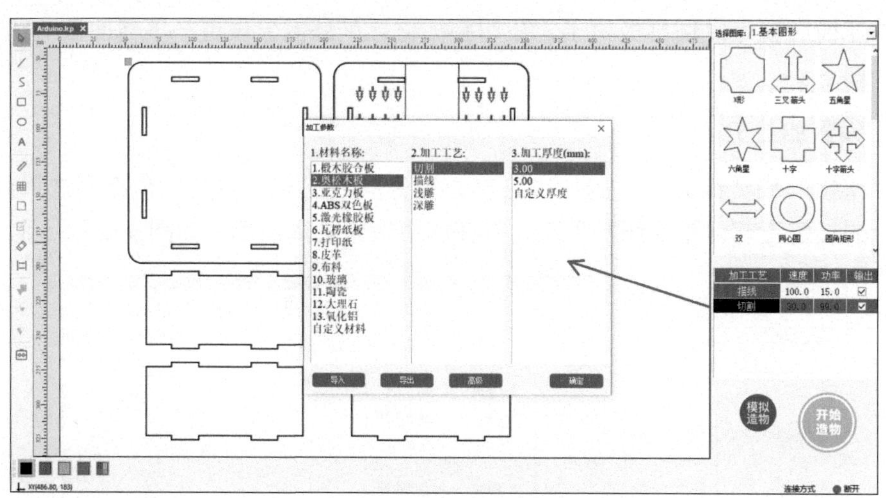

图3-24 设置黑色图层的加工参数

这里需要注意的是，加工工艺的顺序为描线→切割。

拓展与思考

经过切割的板材零件会从原来的板材上掉下来，为方便拾取零件，我们希望零件与原来的板材留有一点连接，这时可以使用“生成断点”工具，如图3-25所示。

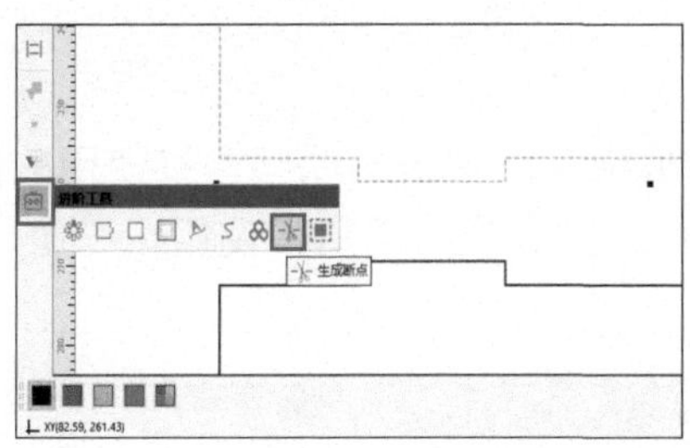

图3-25　单击“生成断点”工具

单击“生成断点”工具后，软件会弹出一个对话框，在该对话框中可以设置“断点长度”和“断点数量”（见图3-26）。设置完成后，软件会自动在原有图形的外框上设置断点，断点会将图形的外框分成一段一段的。

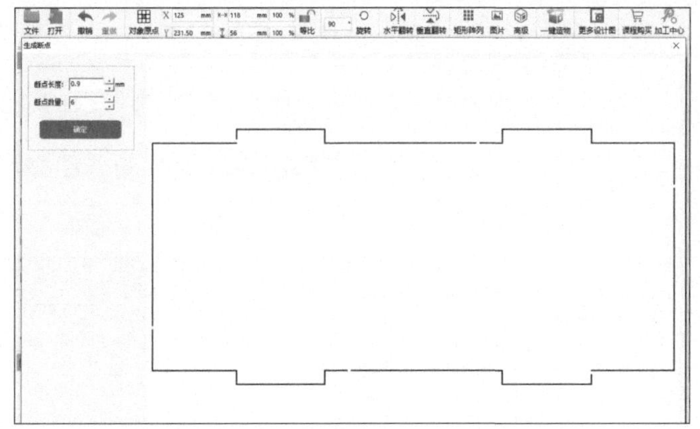

图3-26　“生成断点”工具的设置

创新与延伸

如果我们想在“绿化区”增加一些小动物的图形，应该怎么完成建模呢？

1. 创新设计

请在下面画出你的设计草图。

2. 案例分享

LaserMaker的图库面板中存放了很多能够直接使用的图形元素，这些元素可以帮助我们快速绘制复杂的图形，比如我们可以直接使用正三角形和梯形绘制“松树”，如图3-27所示。

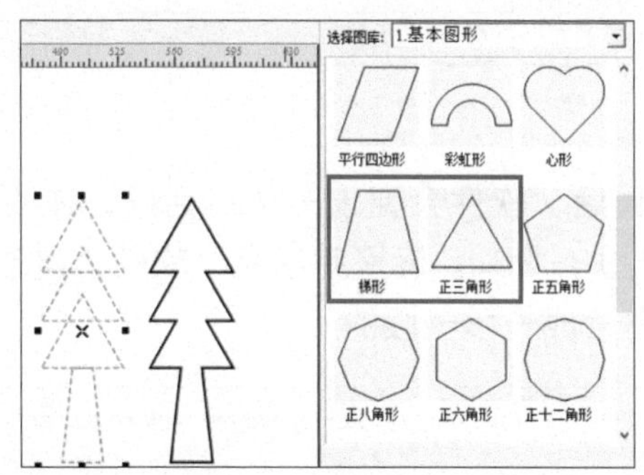

图3-27　使用正三角形和梯形绘制“松树”

如果想增加一些小动物的图形，则可以选择图库面板中的“动物图形”图库。这里我们选择一只小猫放在“绿化区”，如图3-28所示。

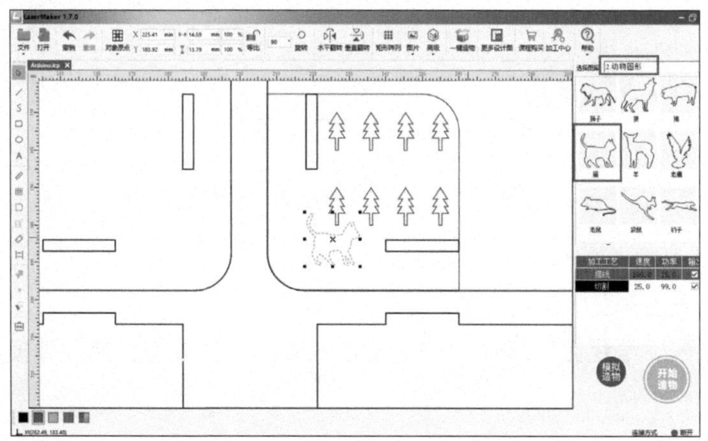

图3-28　选择一只小猫放在“绿化区”

3. 创新应用

大家看一看，在图库面板中还有什么常用的图形？

第 4 课　交通信号灯

对于我们来讲，交通信号灯并不陌生，它让我们的交通生活变得更加安全有序。大家知道最早的交通信号灯是谁发明的吗？我们一起来了解一下。

英国铁路信号工程师J.P.奈特（J.P.Knight，见图4-1）受女性红、绿两色服装启发设计了有红、绿两种颜色的交通信号灯。1868年，历史上第一盏交通信号灯出现在伦敦威斯敏斯特议会大楼前。它的顶端悬挂着红、绿两色可旋转切换的煤气灯，白天不点亮，晚上点亮。不幸的是，煤气交通信号灯在诞生仅23天后就发生爆炸，并导致操作灯的警察殉职，所以被停用。1912年，美国盐湖城一名叫莱斯特·怀尔（Lester Wire）的警察发明了另一盏电力交通信号灯。后来的交通信号灯都在此基础上加以改进，进入我们的生活。随着科技的进步和发展，交通信号灯在技术上也有了很大的提升，原来需要人们手动控制，现在则通过程序自动控制。本课我们就一起来制作一个交通信号灯模拟器。

J.P.奈特

图4-1　交通信号灯的发明者

科学与知识

在前面的介绍中提到，早在1868年人们就开始使用交通信号灯了。随着科技的进步，交通信号灯也在不断发生变化，如今多数路口的交通信号灯用的是LED灯。大家对LED应该并不陌生，生活中很多地方有LED的身影，例如，电子屏幕、指示灯等。LED作为一种节能、高亮度、低发热的新光源，被人们所接受。你知道LED的由来吗？我们一起来了解一下。

LED（Light Emitting Diode，发光二极管）是一种由含镓、砷、磷、氮等的化合物制成的可以将电能转化为光能的固态半导体器件，1962年由发明家尼克·何伦亚克（Nick Holonyak）发明（见图4-2）。LED能够发出不同颜色的光，主要是因为使用了不同的化合物，例如，砷化镓二极管发红光、磷化镓二极管发绿光、碳化硅二极管发黄光、氮化镓二极管发蓝光。

在使用LED的过程中需要注意，它是由阳极（正极）和阴极（负极）组成的一种电子器件。控制LED的一般做法是将LED的阳极接电源正极，阴极接可以改变高/低电平的控制端口，只要改变控制端口的电平高/低，就可以控制LED的亮灭。一个LED需要用两根导线分别连接阴/阳极。

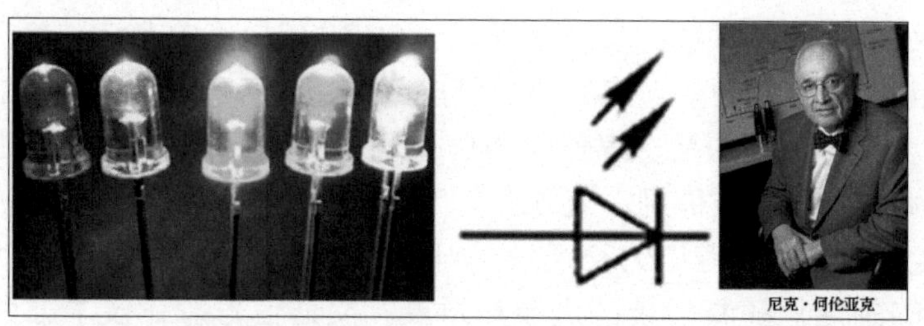

图4-2　发光二极管、电路符号及其发明人

我们了解了控制一个LED的方法，但在实际使用过程中，经常需要同时控制几十个甚至几百个LED，在连接电路时有没有简单一点的方法呢？大家请看图4-3所示的电路图，可以从中找到答案。

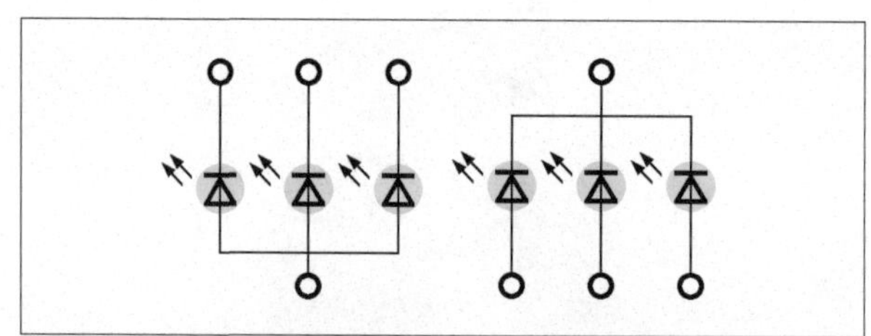

图4-3　LED的共阳极接法（左）和共阴极接法（右）

其实方法很简单，我们只需要将所有LED的阳极或阴极接在一起，将其他的引脚分别接到控制端口上，就可以实现对所有LED的控制，这样一来，可以将所需要的导线数量减少将近一半。这种接法有专业的名称，其中，将所有LED的阳极接在一起的接法叫共阳极接法，将所有LED的阴极接在一起的接法叫共阴极接法。

技术与实践

1. 任务描述

使用Arduino二合一主控板控制交通信号灯模块上LED的点亮和熄灭。

2. 准备工作

控制交通信号灯模块上LED亮灭实验所需材料如表4-1所示。

表4-1 控制交通信号灯模块上LED亮灭实验所需材料

序号	名称	数量
1	Arduino二合一主控板	1块
2	交通信号灯模块	1个
3	USB线	1根
4	交通信号灯模块连接线	3根

下面为大家简单介绍交通信号灯模块的使用方法。

图4-4所示为交通信号灯模块，交通信号灯模块共有12个LED，它可以模拟路口的交通信号灯，分为上下横向两组和左右纵向两组，进行控制时将所有的LED分成3组，参照交通灯在同一时刻只能有一个方向允许通行的特点，上下横向两组的红灯和左右纵向两组的绿灯同时亮灭；同理，上下横向两组的绿灯和左右纵向两组的红灯同时亮灭；所有的黄灯同时亮灭。

交通信号灯模块的所有LED采用共阳极接法进行连接。如图4-4所示，引脚从上向下依次为横向绿色LED和纵向红色LED控制引脚（简称绿红引脚）、黄色LED控制引脚（简称黄色引脚）、横向红色LED和纵向绿色LED控制引脚（简称红绿引脚）。控制LED时将绿红引脚、黄色引脚、红绿引脚连接Arduino二合一主控板上的数字引脚，这样，当绿红引脚为低电平时，横向绿色LED和纵向红色LED同时点亮；当黄色引脚为低电平时，所有的黄色LED点亮；当红绿引脚为低电平时，横向红色LED和纵向绿色LED点亮。

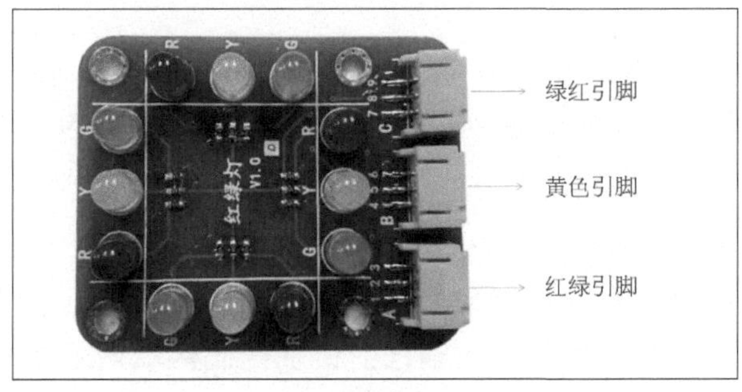

图4-4 交通灯信号模块

3. 动手实践

如图4-5所示，将交通信号灯模块的绿红引脚（A）、黄色引脚（B）、红绿引脚（C）分别连接Arduino二合一主控板的D2、D3、D4引脚。

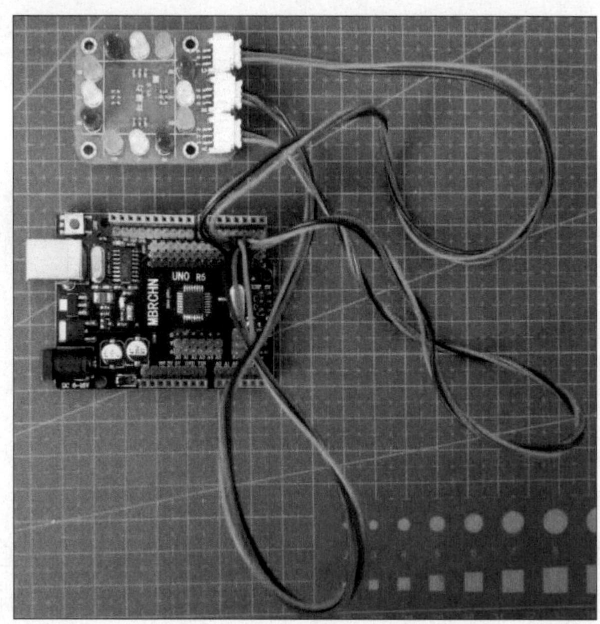
图4-5 交通信号灯连线

然后用USB线将Arduino二合一主控板与计算机连接在一起。

在上面的介绍中，我们提到了数字引脚。数字引脚，也叫数字I/O接口、数字管脚，指的是只能够设置为高电平或低电平输出，或者只能够检测高电平或低电平输入的引脚。Arduino 二合一主控板共有14个数字引脚，编号分别为D0~D13，D0和D1引脚用于计算机和Arduino二合一主控板之间的通信，其中D0引脚用于接收信号，D1引脚用于发送信号。仔细观察我们会发现，在这两个引脚上标有TX、RX的字样，所以在接线时，建议不要用D0和D1引脚连接设备。

4. 程序设计

我们的任务是分别控制交通信号灯模块上3组LED的亮灭，我们知道LED分别被接在了D2、D3、D4引脚上，所以只需要通过程序控制相应引脚的电平，就可以实现LED亮灭的控制。

在第1课中我们已经了解到，Arduino程序中必定包含一个loop()函数，也叫主循环函数，所有程序都包含在主循环函数中，那么在Mixly中也必然包含一个主程序块，在编写图形化程序时，Mixly的图形化编程的模块代码区默认就是一个主程序块，对应setup()和loop()函数，如图4-6所示。

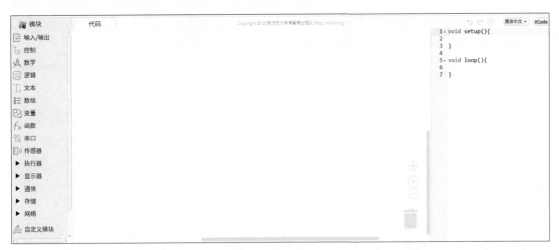

图4-6　主程序块

Mixly中控制引脚电平高低的积木为“数字输出 管脚#××设为××”，其中，#后的数字代表引脚号，在此处可以填入需要控制的引脚号。“高”代表高电平，“低”代表低电平。在本作品中，我们选择“高”，则LED阴极接高电平（正极），LED灭；选择“低”，则LED亮。

单击“控制”类别，在弹出的选择框中可以找到“延时××　××”积木，前一个参数是单位，后一个参数是数值。图4-7所示是我们编写的第一个Mixly程序，该程序很简单，就是将D2引脚设置为高电平，让LED熄灭，延时500ms，然后将D2引脚设置为低电平，将LED点亮，延时500ms，至此第一次循环结束，程序重新从主程序开始执行，如此不断循环。程序编写完成后，选择主控板端口号，单击“上传”，我们可以观察到LED不断亮灭。

图4-7　LED循环亮灭程序

在这里大家可能会有疑问，为什么低电平是控制LED点亮，高电平却是控制LED熄灭呢？这似乎和正常的逻辑是相反的。其实，这和我们前面提到的连接方式有关，因为我们的交通信号灯模块采用的是共阳极的连接方式。

程序4-1即对应的自动生成的程序，该程序由setup()函数和loop()函数组成，这两个函数也被称为Arduino的框架函数，所有图形化程序转化成的代码中都会包含这两个函数，其中，setup()函数为初始化配置函数，主要用于完成整个程序的初始化工

作。pinMode()函数的第1个参数表示引脚号，第2个参数表示输入/输出状态，输入为INPUT，输出为OUTPUT。需要注意的是，这两个词的所有字母均要大写。

程序4-1

```
void setup(){
  pinMode(2,OUTPUT);
}
void loop(){
  digitalWrite(2,HIGH);
  delay(500);
  digitalWrite(2,LOW);
  delay(500);
}
```

在loop()函数中，用到了digitalWrite()函数，digitalWrite()函数用于配置数字引脚的高/低电平，它的第1个参数表示引脚号，第2个参数表示引脚状态，HIGH表示配置为高电平，LOW表示配置为低电平。delay()函数用于产生延时，括号内填入延时时间，单位是ms。

任务与实现

不知大家平常有没有观察过交通信号灯的工作流程，交通信号灯一般的工作流程是绿灯→黄灯闪烁3s→红灯→绿灯。由于交通信号灯模块同时控制横向和纵向的红绿灯，也同时控制所有的黄灯，所以无法完全模拟交通信号灯的工作流程。我们将工作流程设置为开始时横向绿灯和纵向红灯亮，其他灯熄灭；2s后红/绿灯均熄灭，黄灯亮起，以每秒1次的频率闪烁3次；然后黄灯熄灭，横向红灯和纵向绿灯亮，其他灯熄灭；2s后黄灯亮起，然后黄灯以每秒1次的频率闪烁3次，如此循环。

1. 任务描述

设计交通路口的图纸，然后结合交通信号灯模块完成交通信号灯模拟器，并通过编程实现上述工作流程。

2. 准备工作

我们先设计交通路口的图纸，绘图之前我们还需要测量一下交通信号灯模块的尺寸（主要是定位孔的尺寸），最好使用数显游标卡尺。使用数显游标卡尺前，需要先把数据归零。将数显游标卡尺的两外测量爪合拢，按下ZERO按钮，待显示的数据变为000，如图4-8所示。

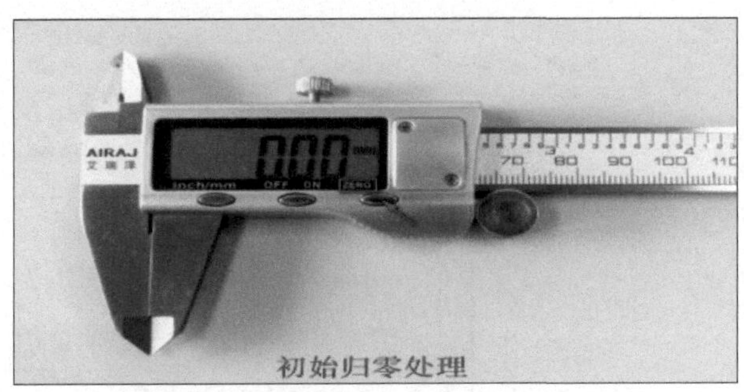

图4-8 将数显游标卡尺的数据归零

测量时，将待测物体放在数显游标卡尺的外测量爪中间，然后读取数据，如图4-9所示。

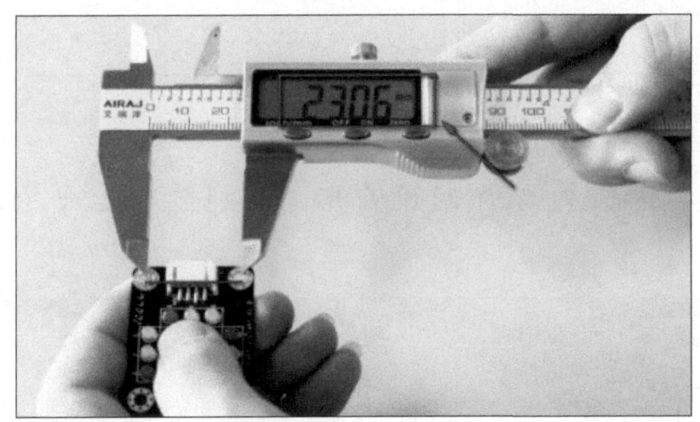

图4-9 使用数显游标卡尺测量定位孔中心的距离

注意外测量爪的尖头要卡在要测量的距离两端。这里测量的交通信号灯模块的定位孔中心距离如图4-10所示，数据单位为mm。

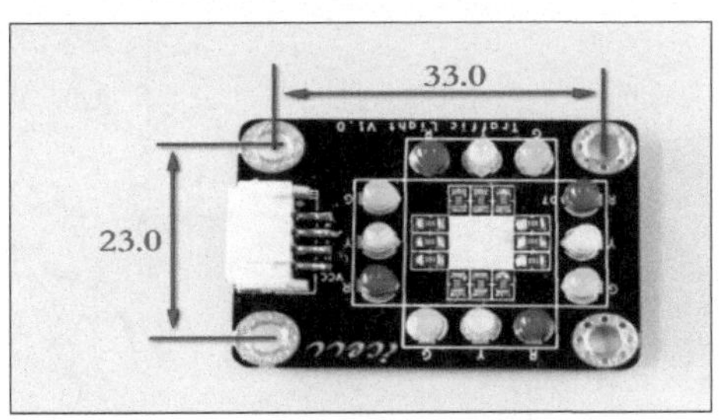

图4-10 交通灯信号模块的尺寸

接下来打开LaserMaker，在上一课完成的图纸中，绘制一个长为37mm、宽为27mm的矩形，并将其移至上表面的中心位置，如图4-11所示。

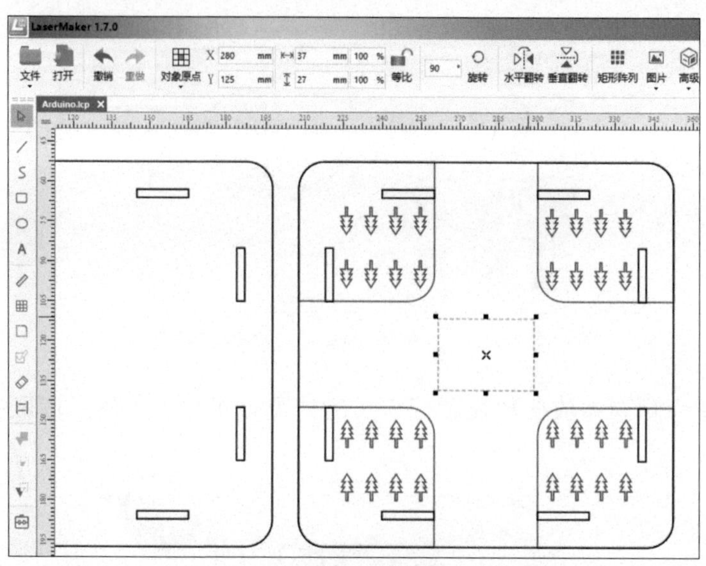

图4-11　在上表面的中心绘制一个矩形

然后再绘制4个边长为7mm的正方形，分别放在上一个矩形的4个角，如图4-12所示。

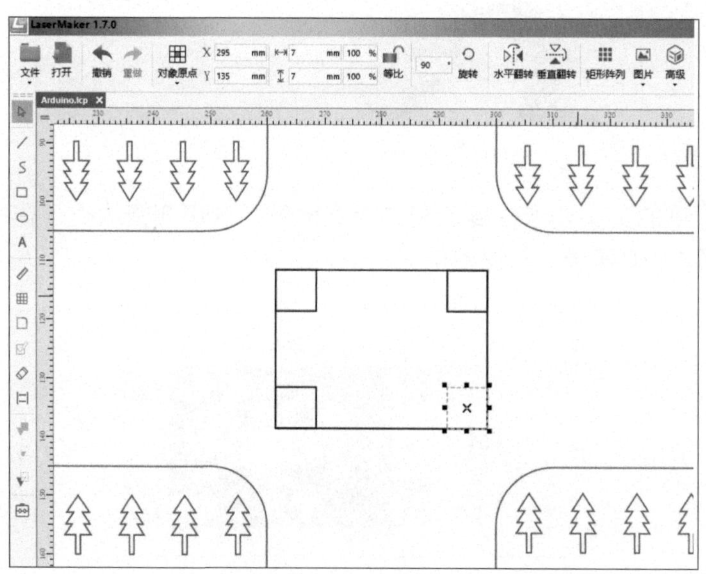

图4-12　在矩形的4个角分别绘制一个正方形

单击圆角工具，将半径设置为5mm，依次将4个正方形朝向中心的角变为圆角。如图4-13所示。

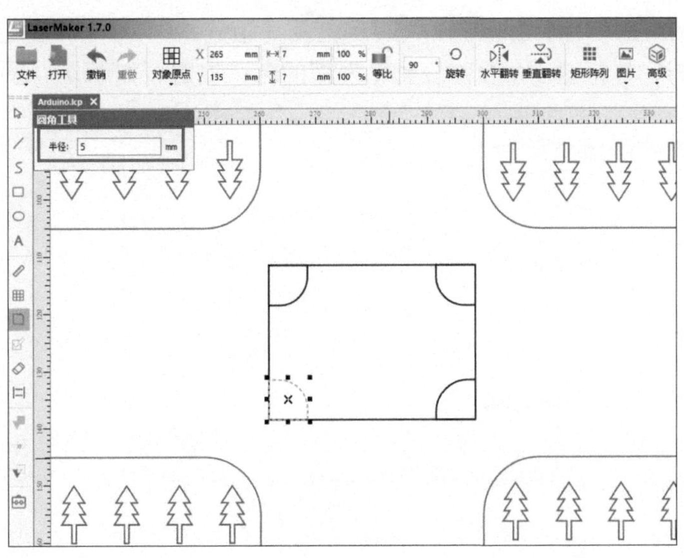

图4-13　将4个正方形朝向中心的角变为圆角

使用差集工具将这4个角裁掉，如图4-14所示。

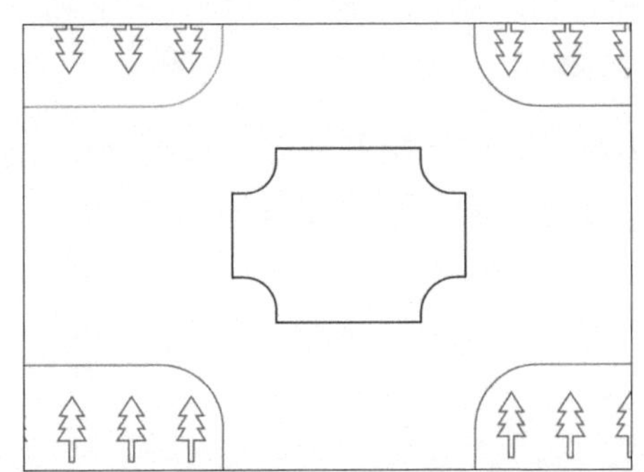

图4-14　使用差集工具裁掉正方形的4个角

再次单击圆角工具，将半径设置为5mm，将图形的角转换为圆角，如图4-15所示。

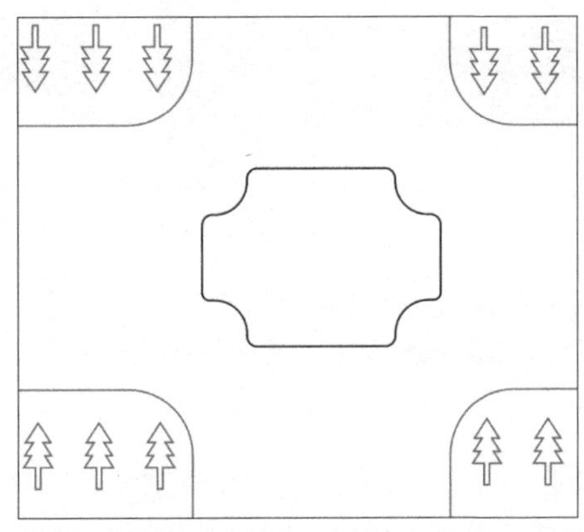

图4-15　使用圆角工具将图形的角转换为圆角

接着绘制定位孔，交通信号灯模块的定位孔间距分别为23mm和33mm。绘制4个直径为3mm的圆，并将这4个圆移至整个面板的合适位置，如图4-16所示。

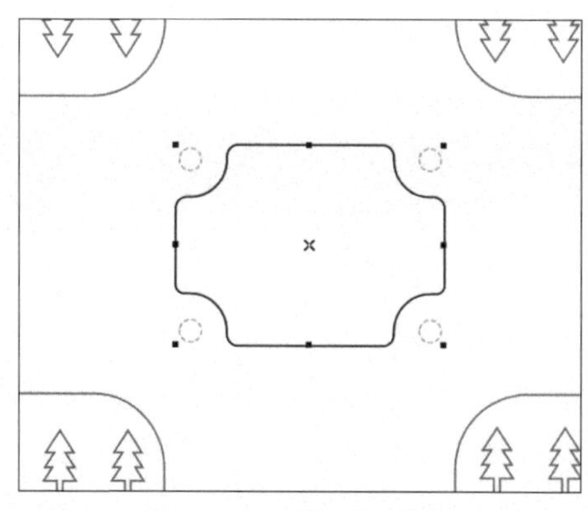

图4-16　绘制定位孔

上表面除了有定位孔，还有一个穿线槽，这个穿线槽可以由圆和矩形组成。

除此之外，我们还要在下表面增加Arduino主控板的定位孔和一个矩形口，矩形口的旁边还要有一个表示电池位置的方框。同时，在一个侧板上为Arduino主控板设置开口，用于连接USB接口和电源。

按设计好的图纸切割板材。我们还需要准备：1块Arduino二合一主控板、1个交通信号灯模块、1根USB线、3根交通信号灯模块连接线、1个6V左右的电源、若干螺栓和螺母。

3. 模型安装

（1）取出下表面的木板，将Arduino二合一主控板安装在图4-17所示位置。

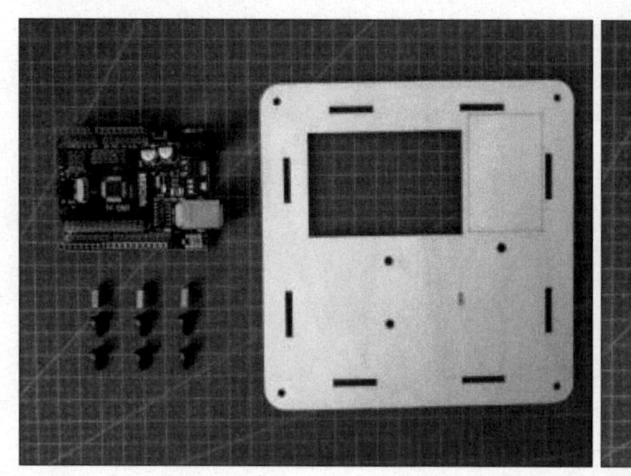

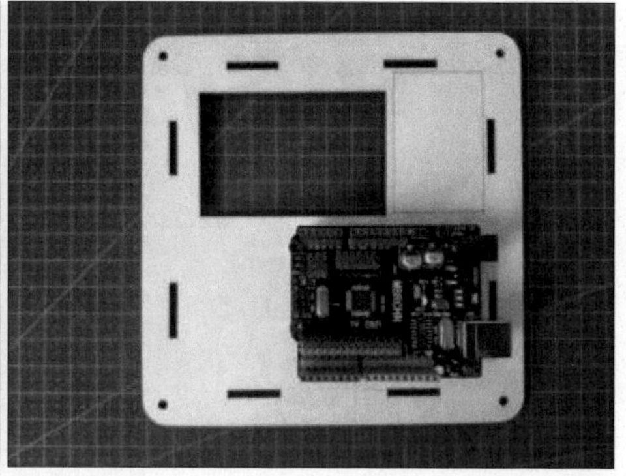

图4-17　交通信号灯模拟器安装步骤1

（2）取出上表面的木板，用M3×8mm内六角螺栓和M3螺母将交通信号灯模块安装在上表面的中心，然后将交通信号灯模块连接线连接到交通信号灯模块上，如图4-18所示。

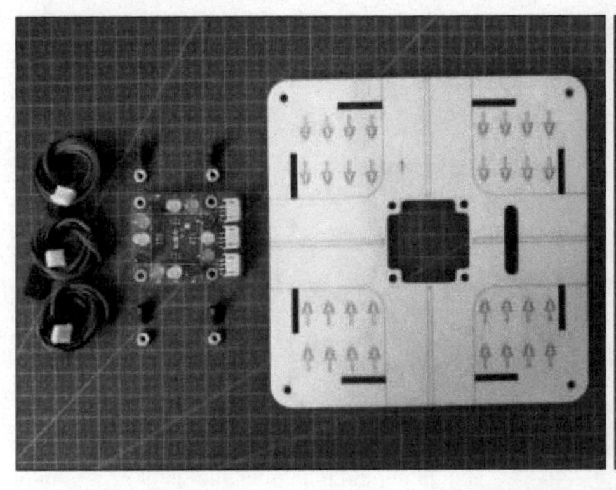

图4-18　交通信号灯模拟器安装步骤2

（3）将侧板插入下表面的木板，然后按照图4-5所示的连接方式连接交通信号灯模块与Arduino二合一主控板，并完成剩余部件的安装，如图4-19所示。

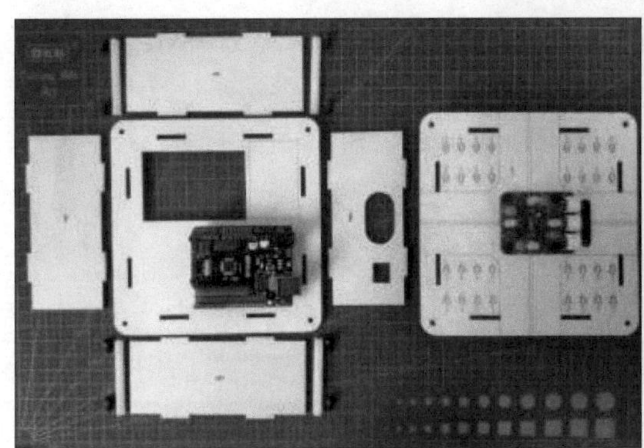

图4-19　交通信号灯模拟器安装步骤3

4. 程序设计

大家有没有注意到，在工作流程中，我们提到要让黄灯闪烁3次，其实就是想让黄灯循环亮灭3次，在程序的设计中，我们可以编写3次黄灯亮灭的程序，但不免有些麻烦，这里给大家介绍一种让程序更加简洁和高效的方法——for循环。

在编程语言中，for循环是一个函数，这里所说的函数可以理解成一个子程序，用来执行一个指定的运算或者操作。for函数的一般形式如下。

```
for (i=M; i<N; i=i+1)
{
}
```

括号中的i=M叫单次表达式，表示循环开始前，将i的值设置为M；i＜N叫条件表达式，为判断语句，当i＜N时，执行大括号内的语句；i=i+1叫末尾循环体，表示在每次执行完大括号内的语句后，将i的值加1，然后再重复执行i＜N的判断。

在Mixly中，实现循环的积木如图4-20所示。模块中的5表示循环执行5次，可以

将其更改为任何正整数，空白框内为需要执行的程序。

```
使用 i 从 1 到 5 步长为 1
执行
```

图4-20　循环积木

模拟交通信号灯的参考程序如图4-21所示。

```
数字输出 管脚 # 2 设为 低
数字输出 管脚 # 3 设为 高
数字输出 管脚 # 4 设为 高
延时 毫秒 2000
数字输出 管脚 # 2 设为 高
数字输出 管脚 # 3 设为 低
使用 i 从 1 到 3 步长为 1
执行
    延时 毫秒 500
    数字输出 管脚 # 3 设为 高
    延时 毫秒 500
    数字输出 管脚 # 3 设为 低
延时 毫秒 500
数字输出 管脚 # 4 设为 低
数字输出 管脚 # 3 设为 高
延时 毫秒 2000
数字输出 管脚 # 4 设为 高
数字输出 管脚 # 3 设为 低
使用 i 从 1 到 3 步长为 1
执行
    延时 毫秒 500
    数字输出 管脚 # 3 设为 高
    延时 毫秒 500
    数字输出 管脚 # 3 设为 低
延时 毫秒 500
```

图4-21　模拟交通信号灯的参考程序

将程序下载到Arduino主控板中，可以观察到交通信号灯模块的LED按既定的顺序

亮灭。

Mixly中循环程序模块对应生成的代码就是for循环，且为了标识循环的次数，程序自动生成了变量i。

所谓变量，就是值可以改变的量，在程序中用来存储数值、字符等。通常我们会给变量起一个易于记忆的名称，称之为变量名，如i就是Mixly按照其命名规则自动生成的变量名。如果大家学习过乐高NXT机器人，可能会发现在编程软件中有个模块被称为"容器"，它其实就是变量。如果我们把存储的数值比作水，给变量赋值就像将水倒进杯子，使用变量就像将水从杯子中倒出来。

我们需要注意，给变量命名的时候，需要遵守一定的命名规则：以字母或下划线开头，后面跟字母、数字或下划线，如_b1和b_1是正确的，而3a是错误的。

5. 成果展示

交通信号灯模拟器如图4-22所示。

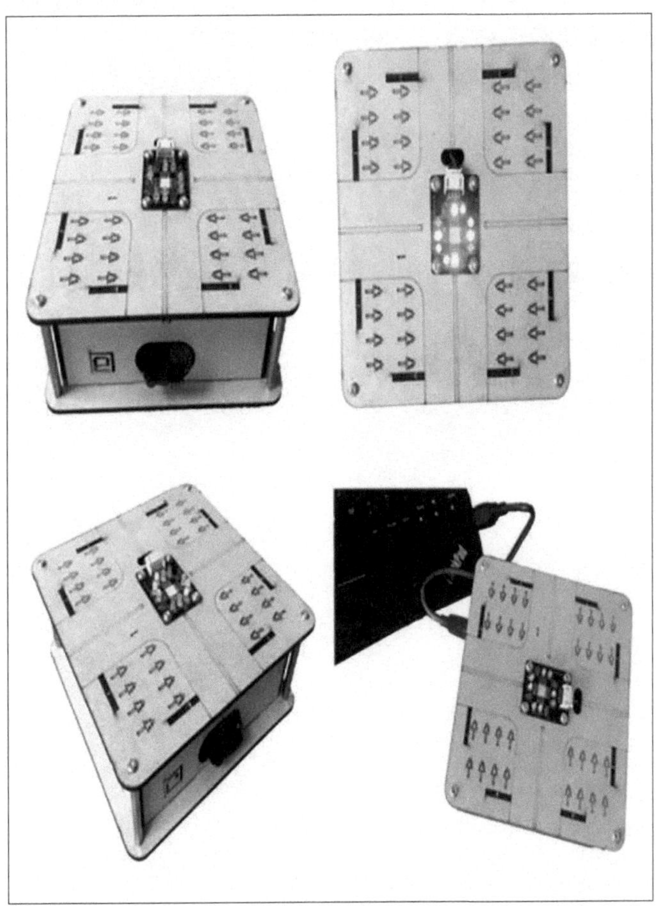

图4-22　交通信号灯模拟器成果展示

拓展与思考

为什么要选择红、黄、绿作为交通信号灯的颜色呢?

这要先从红色说起。在各种颜色中，红色最容易吸引人们的注意力。红色被赋予了“警戒”“禁止”的含义。所以选用红色来代表禁止通行的信号颜色也就是理所当然的了。

那么为什么用绿色代表允许通行呢? 因为在规定交通信号灯颜色的时期，人们普遍认为红色和绿色就像黑色和白色一样，是一对互补色，从色调环上可以看出，红色和绿色处在趋于对称的位置，相差约180°，所以红色和绿色是一组不易被看错的颜色。既然红色代表了禁止通行，那么用与其相反的绿色来表示允许通行就在情理之中了。

黄色在色调环上刚好位于红色和绿色的中间，与红色、绿色均有明显差别，所以就被选来作为警示的信号颜色了。

创新与延伸

年末，学校会举办形式多样的新年联欢会。联欢会上最令同学们期待的环节莫过于抽奖环节了。主持人转动幸运转盘，大家紧张地看着转盘，希望自己能够获奖。在前面的学习中，我们给大家介绍了控制LED的方法，请大家发挥想象力，看看能不能用LED制作一个幸运转盘。

1. 创新设计

请在下面写出你的设计思路并画出设计草图。

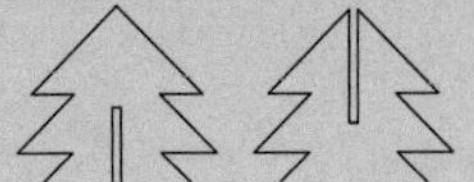

2. 案例分享

在幸运转盘的项目中，我们通过长按和单击给变量赋值，再通过按键对连接在D4~D9引脚的LED进行控制，从而实现幸运转盘的效果。幸运转盘的参考程序如图4-23所示。

```
声明 全局变量 Button 为 整数 并赋值 2
声明 全局变量 INum 为 整数 并赋值 0
声明 全局变量 State 为 整数 并赋值 0
声明 全局变量 Start 为 布尔 并赋值 假

多功能按键 管脚# 2 长按开始 电平触发 高
执行 State 赋值为 1
     Serial 打印 自动换行 "State: 1"

多功能按键 管脚# 2 单击 电平触发 高
执行 State 赋值为 2
     Serial 打印 自动换行 "State: 2"

硬件中断 管脚# 2 模式 下降
执行 State 赋值为 State

如果if(New) State = 2 且 Start = 真
    使用 i 从 4 到 9 步长为 1
    执行 数字输出 管脚# i 设为 低
    INum 赋值为 随机整数 从 4 到 9
    数字输出 管脚# INum 设为 高
    Start 赋值为 假
    State 赋值为 0
否则如果elseif(New) State = 1
    Start 赋值为 真
    使用 i 从 4 到 9 步长为 1
    执行 INum 赋值为 i
         如果if(New) i = 4
             数字输出 管脚# i + 5 设为 低
             延时 毫秒 10
             数字输出 管脚# i 设为 高
             延时 毫秒 50
         否则如果elseif(New) i ≥ 5
             数字输出 管脚# i - 1 设为 低
             延时 毫秒 10
             数字输出 管脚# i 设为 高
             延时 毫秒 50
```

图4-23　幸运转盘的参考程序

幸运转盘的部分制作过程和最终成品如图4-24所示。

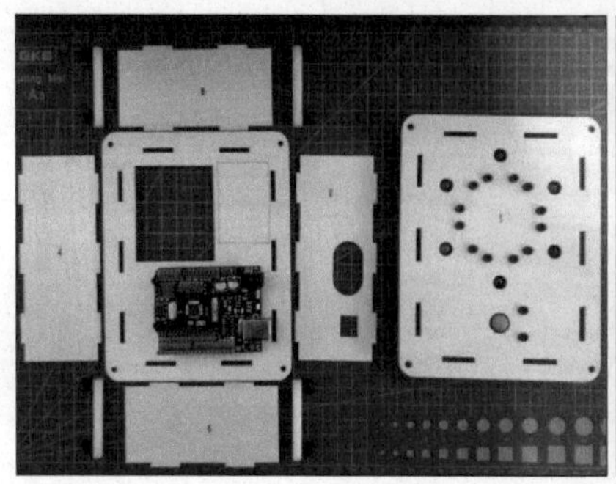
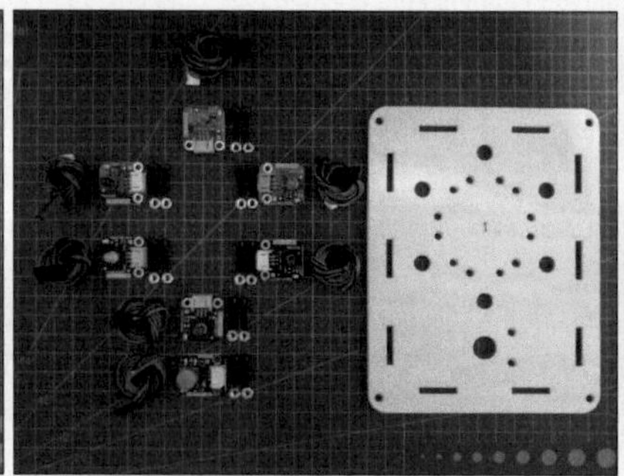

图4-24　幸运转盘的部分制作过程和最终成品

3. 创新应用

LED是一个常用的电子器件，我们常常用LED的点亮与熄灭来检测程序是否正确执行。例如，在机器人巡线的任务中，如果机器人的运行效果与预期效果不一致，我们就可以使用LED作为程序运行的标志，当程序执行完一段后点亮LED，如果运行结果与LED点亮的位置相同，则说明程序正确；反之，则需要对程序进行调整。

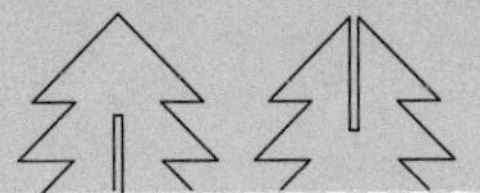

第5课　闪光盒子

上一课大家学习的是单色LED。其实，在生活中，很多领域会用色彩更加丰富的LED，叫作全彩LED（RGB LED）。本课我们就带着大家来探索LED绚丽的秘密。

科学与知识

1. 全彩 LED

生活中，我们经常能看到提示信息的彩色LED显示屏。彩色LED显示屏由一定数量、横纵排列的全彩LED组成，包含的LED数量越多，显示的画面就越细腻。工作时，先将一幅画面量化，然后计算每个LED需要发出的颜色，根据三原色原理，得出一个全彩LED内红、绿、蓝3种颜色各自需要发出的光强，就可以显示出图像。了解了彩色LED显示屏的原理后，大家近距离观察一下，就会发现显示屏的奥秘了。

大家可能会有疑问，彩色LED显示屏是一幅一幅地显示图像的，而且图像会由一个一个的LED发光来组成，为什么播放视频时我们看不出来图像的刷新呢？这是因为一方面大家站得比较远；另一方面，彩色LED显示屏刷新得特别快，远远超过人眼能够识别的速度，所以在我们看来，LED显示屏显示的就是完整、流畅的视频了。

图5-1所示就是全彩LED。理论上只需要通过基本的红、绿、蓝3种颜色，就可以组合出我们需要的色彩，全彩LED就是根据这个原理制作的。其实一个全彩LED里包括了红、绿、蓝3个LED，3个LED按照共阳极接法或共阴极接法进行连接，所以一个全彩LED有4个控制引脚。

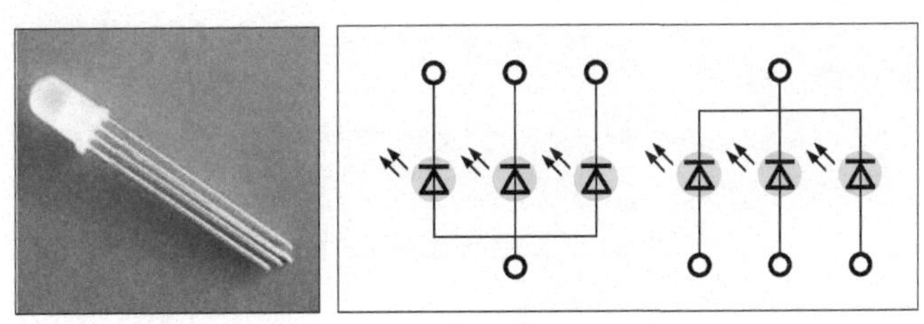

图5-1　全彩LED

大家有没有想过，全彩LED只有红、绿、蓝3种颜色，按理说最多只有关闭、红、绿、蓝、红绿、红蓝、蓝绿、全亮几种状态，那么它是怎样变化出更多色彩的呢？其实这就跟LED的一个特性有关了，LED的光强随着电压的升高而变强，随电压降低而减弱。

所以我们只要改变LED控制引脚的电压，就可以改变相应颜色LED的光强，根据不同光强的组合，就可以得到更多色彩。

2. PWM 技术

通过电压的高低来控制LED的光强，就要用到一种技术——PWM（Pulse Width Modulation，脉冲宽度调制）技术。

主控板不能直接输出模拟电压，只能输出0V和V_{CC}，PWM技术通过对一系列脉冲的宽度进行调制，等效地获得所需要的电压。PWM是一种模拟控制方式，通过改变周期性脉冲的脉冲宽度来改变输出功率的大小，馈入负载的电压的平均值通过快速打开和关闭电源和负载之间的开关来控制。一段时间内，高电平出现的时间比例越大，输出电压越接近V_{CC}；低电压出现的时间比例越大，输出电压越接近0V。这是利用主控板的数字输出来对模拟电路进行控制的一种非常有效的技术。简单来讲，我们若想通过程序控制电机的转速、LED的亮度等就要用到PWM技术。

我们使用的主控板并不是所有引脚都支持PWM技术，以Arduino Uno主控板为例，D3、D5、D6、D9、D10、D11这几个引脚可以实现这项功能。仔细观察Arduino主控板，我们发现旁边标注“~”或“*”的引脚可用作PWM引脚。

技术与实践

1. 任务描述

本任务是制作一个呼吸灯。顾名思义，呼吸灯就是灯光在控制器的控制下完成由亮到暗的渐变，好像在呼吸一样的灯。接下来我们就使用全彩LED模块制作一个红色呼吸灯。

2. 准备工作

制作呼吸灯需要准备的材料如表5-1所示。

表5-1　制作呼吸灯所需材料

序号	名称	数量
1	Arduino二合一主控板	1块
2	全彩LED模块	1个
3	全彩LED模块连接线	3根
4	USB线	1根

开始制作之前，我们先来了解一下全彩LED模块。图5-2所示就是一个全彩LED模块，模块上有1个共阴极全彩LED，还有3个模块接口，分别对应3个引脚，从上往

下依次为蓝灯控制引脚、绿灯控制引脚和红灯控制引脚。我们将3个接口与Arduino二合一主控板连接，就可以点亮相应颜色的LED。

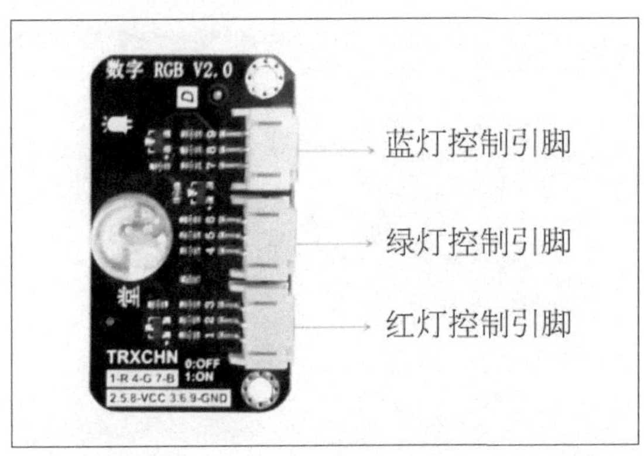

图5-2　全彩LED模块

3. 动手制作

如图5-3所示，将全彩LED模块的蓝、绿、红线分别与Arduino二合一主控板上的D3、D5、D6引脚（支持PWM的引脚）连接，然后接上电源线和USB线，即可开始编程。

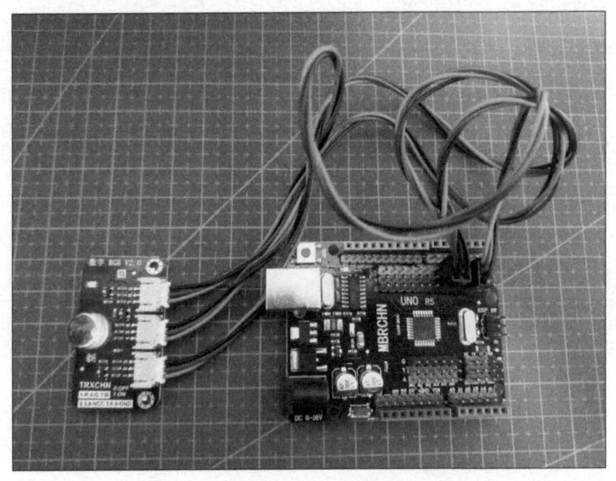

图5-3　全彩LED模块的连线

4. 程序设计

在Arduino的程序中，我们需要使用模拟输出控制函数。所谓模拟输出，是指输出是连续变化的。大家可以回忆一下，在上一课中，我们控制LED的亮与灭用到的是数字引脚，即只有0、1两种状态。图5-4中设置模拟引脚值的积木是“模拟输出 管脚#××赋值为××”，#后的数字代表引脚号（注意，引脚号只能是支持PWM功能的引脚的编号），后一个数字控制输出的电压值，取值范围为0~255，对应电压为0~V_{CC}。

呼吸灯的参考程序如图5-4所示。在程序中，我们用到了一个变量flag，通过变量

flag给模拟引脚赋值。第1个循环的作用是不断提高LED的亮度，第2个循环的作用是不断降低LED的亮度，这样，呼吸灯的效果就出来了。

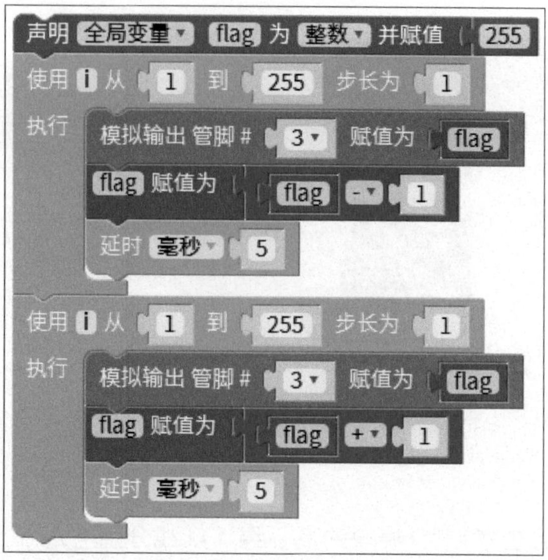

图5-4　LED呼吸灯的参考程序

程序5-1为对应的自动生成的代码，我们可以看到，设置模拟引脚值的积木对应的是analogWrite()函数。这个函数的第1个参数代表引脚号，大家需要注意的是，这里的引脚号必须是具有模拟输出功能的引脚的编号；第2个参数控制该引脚的电压值，可以是0~255，也就是将V_{CC}进行255等分，值越大，输出的电压越高。

程序5-1

```
volatile int flag;
void setup(){
  flag=255;
}
void loop(){
  for(int i=1;i<=255;i=i+(1)){
      analogWrite(3,flag);
    flag=flag-1;
    delay(5);
  }
  for(int i=1;i<=255;i=i+(1)){
      analogWrite(3,flag);
      flag=flag+1;
      delay(5);
  }
}
```

任务与实现

组合三原色可以变化出丰富的色彩，前面我们通过编程让全彩LED模块实现了呼吸灯的效果，接下来，我们做一款颜色随机变化的闪光盒子，进一步感受全彩LED的独特魅力。

1. 任务描述

在这个任务中，大家需要动手组装闪光盒子，然后通过编程，让闪光盒子的灯光颜色每100ms变化一次，而且每次变化的颜色都是随机的，就像我们看到的漂亮的霓虹灯。听起来是不是很有趣，我们马上开始吧！

2. 准备工作

制作闪光盒子所需的材料如表5-2所示。

表5-2　制作闪光盒子所需材料

序号	名称	数量
1	Arduino二合一主控板	1块
2	全彩LED模块	1个
3	全彩LED模块连接线	3根
4	椴木板	1个
5	M3×8mm双通六角铜柱	3颗
6	M3×14mm内六角螺栓	2颗
7	M3×6mm内六角螺栓	6颗
8	M3螺母	2颗
9	双面胶	若干
10	导光板	1个
11	魔术贴	若干
12	4节电池盒	1个
13	USB线	1根

3. 动手制作

闪光盒子的激光切割图纸如图5-5所示。

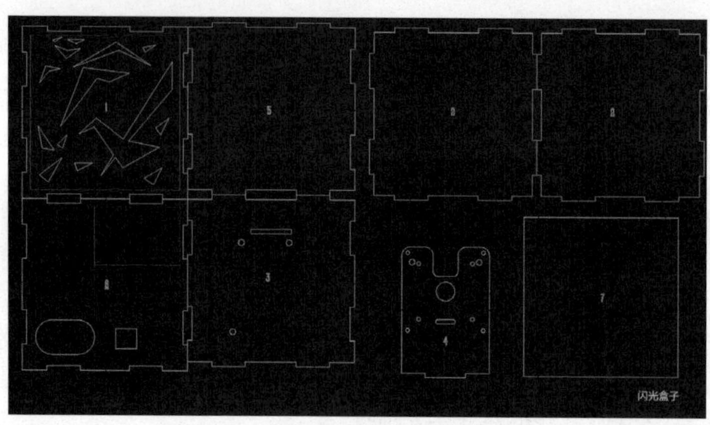

图5-5　闪光盒子的激光切割图纸

（1）根据激光切割图纸切割椴木板和导光板，拿出其中的3号板，将Arduino二合一主控板用M3×6mm内六角螺栓、M3×8mm双通六角铜柱安装在图5-6所示位置。

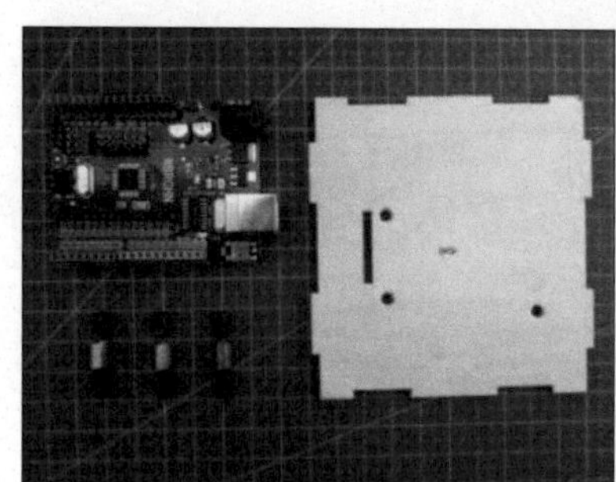
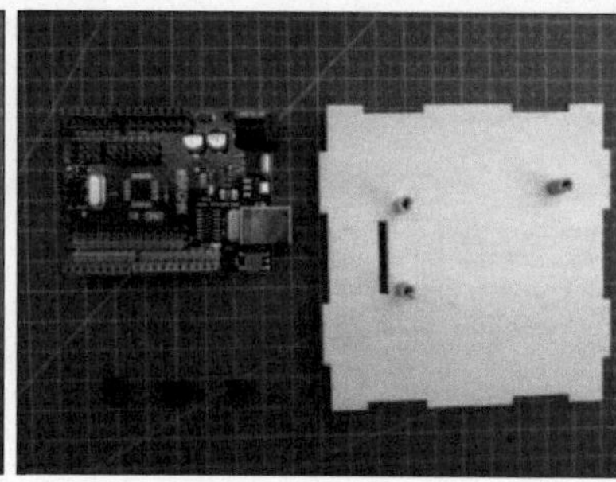
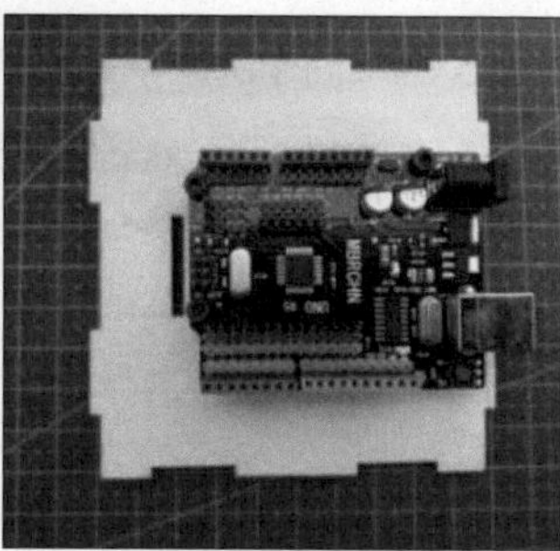

图5-6　安装Arduino二合一主控板

（2）拿出4号板和全彩LED模块，用M3×14mm内六角螺栓和M3螺母把全彩LED模块安装在4号板上，然后把4号板插到3号板的指定位置上，如图5-7所示。

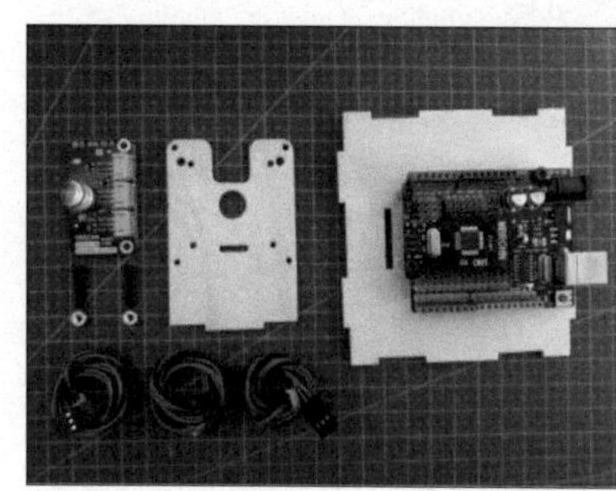
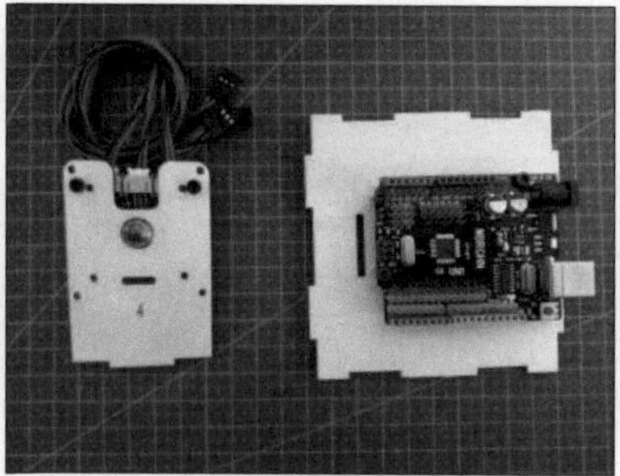

图5-7　安装全彩LED模块

（3）为了让闪光盒子发出的光更酷炫，我们用双面胶把切割好的导光板粘到1号板上，如图5-8所示。

图5-8　粘贴导光板

（4）按照图5-9所示位置，用魔术贴将电池粘到6号板上，然后把所有的拼板组装在一起。

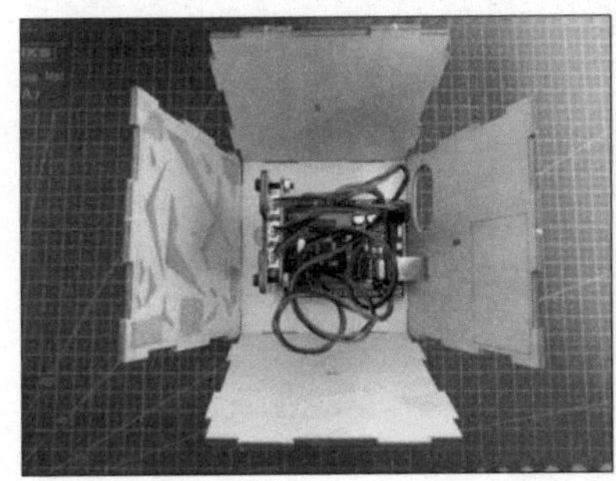

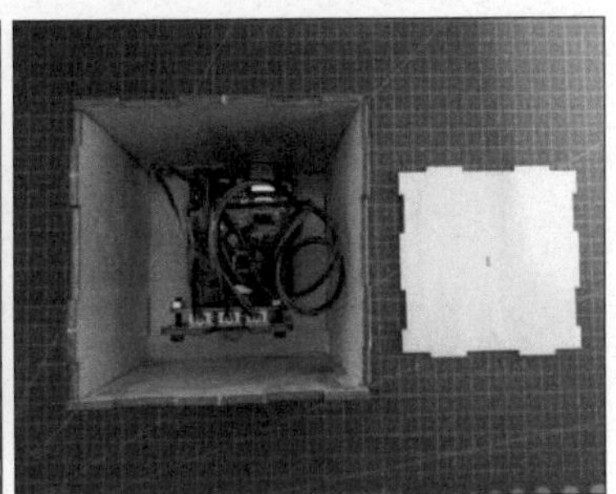

图5-9　组装电池及其他拼板

4. 程序设计

我们已经学习了如何通过Arduino主控板来控制LED的亮度，也知道了三原色的基本原理，那么大家可以讨论一下，如何生成随机变化的颜色呢？

如果对红、绿、蓝3个控制引脚加上随机变化的电压，那么就可以获得随机组合的色彩了。所以我们的重点是怎样生成随机变化的电压。大家应该很容易想到，只要能够在analogWrite()函数中填入随机的电压值，就可以生成随机的电压。

我们的眼睛是如何看到颜色的呢？其实，光也是电磁波，我们的眼睛是根据所看见光的波长来识别颜色的。可见光谱中的大部分颜色由红、绿、蓝三原色根据不同的比例混合而成，若3种光以相同的比例混合且达到一定的强度，就会呈现出白光；若3种光的强度均为0，就表现为黑暗。这就是加色法，加色法被广泛应用于电视机、监视器等发光的产品中。

在Mixly中，生成随机数的是“随机整数从××到××”积木，积木中的数字表示随机数生成的范围，因为analogWrite()函数的电压值的范围是0~255，所以这里我们填入0和255，表示随机数在0~255中产生。闪光盒子的参考程序如图5-10所示。

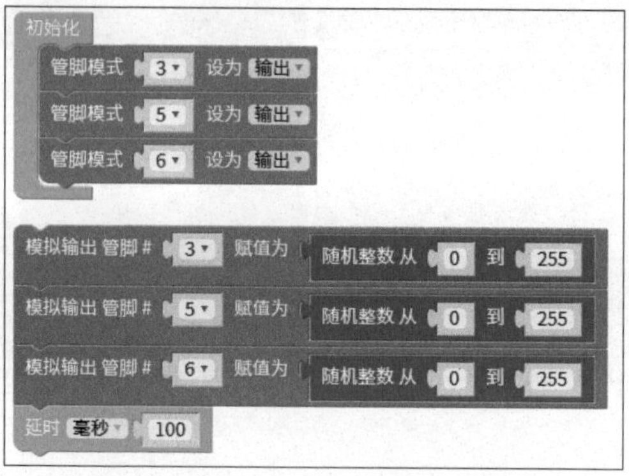

初始化
管脚模式 3 设为 输出
管脚模式 5 设为 输出
管脚模式 6 设为 输出

模拟输出 管脚 # 3 赋值为 随机整数 从 0 到 255
模拟输出 管脚 # 5 赋值为 随机整数 从 0 到 255
模拟输出 管脚 # 6 赋值为 随机整数 从 0 到 255
延时 毫秒 100

图 5-10　闪光盒子的参考程序

程序比较简单，就是给控制全彩LED模块的3个引脚每隔100ms赋一个随机的电压值。上传程序后，我们就可以看到闪光盒子的酷炫“表演”了。

在自动生成的代码中，Mixly中生成随机数的积木对应的是random()函数，这个函数可以让程序在指定的范围生成一个随机数字。在很多应用场景中，需要随机产生一些数字，让效果能够“出人意料”。比如，我们可以在课堂中用随机数生成学号，来邀请对应学号的学生回答问题。

5. 成果展示

闪光盒子的最终成品如图5-11所示。

图 5-11　闪光盒子的最终成品

拓展与思考

在上述例子中，我们看到三原色组成了各种色彩，那么各种色彩又如何拆分成三原色呢？一方面可以通过规律得到，另一方面，通过查找前人建立的三原色表，我们就能知

道需要的三原色。下面请大家尝试建立自己的三原色表，看看能不能组合出橙色和黄色。

我们前面所说的红、绿、蓝三原色，也叫色光三原色，指的是会自行发光物体所包含的三原色，例如LED、太阳会自己发光，所以遵循的是色光三原色体系。但是那些自己不发光，需要有光线照射才能被看到的物体，遵循的却是色料三原色体系，这个体系的三原色是品红（M）、青（C）、黄（Y），另外，因为色料三原色不能混合出纯黑色，所以还要加入黑色（K），组成CMYK色彩体系。

创新与延伸

一个全彩LED可以发出很多漂亮的颜色，如果我们将若干个全彩LED连接在一起，再通过程序进行控制，会产生什么样的效果呢？在这里，给大家介绍一个新的设备——光环板模块。图5-12所示就是一个光环板模块，模块上有12个共阴极全彩LED和一个接口。光环板模块依靠WS2812B单总线芯片进行驱动，使用时我们只需要在Mixly中拖曳对应的积木，就可以让指定的LED显示相应的颜色。

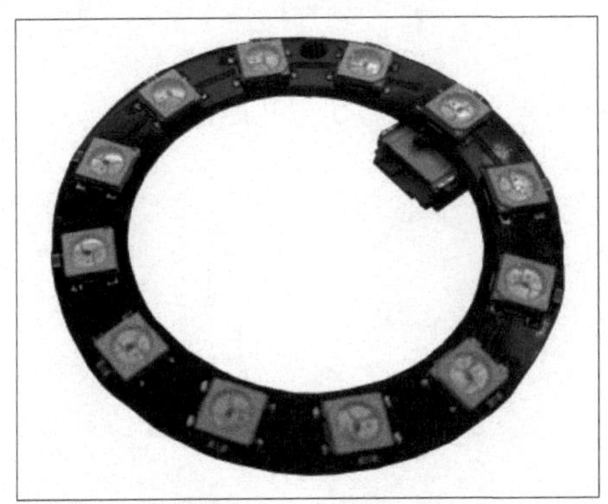

图5-12　光环板模块

1. 创新设计

请在下面写出你的设计思路并画出设计草图。

2. 案例分享

光环板模块中的12个全彩LED围成了一个圆形，每个LED都可以独立控制。大家可以根据自己的设计实现灯光的跑动、色彩的切换等效果，最终完成一场灯光秀。控制光环板模块的参考程序如图5-13所示。

```
初始化
  RGB灯 管脚# 3 灯数 12
  RGB灯 亮度 20

使用 i 从 1 到 12 步长为 1
执行 RGB灯 灯号 i R值 随机整数从 0 到 255 G值 随机整数从 0 到 255 B值 随机整数从 0 到 255
     延时 毫秒 100
```

图5-13　控制光环板模块的参考程序

利用光环板模块制作的闪光盒子如图5-14所示。

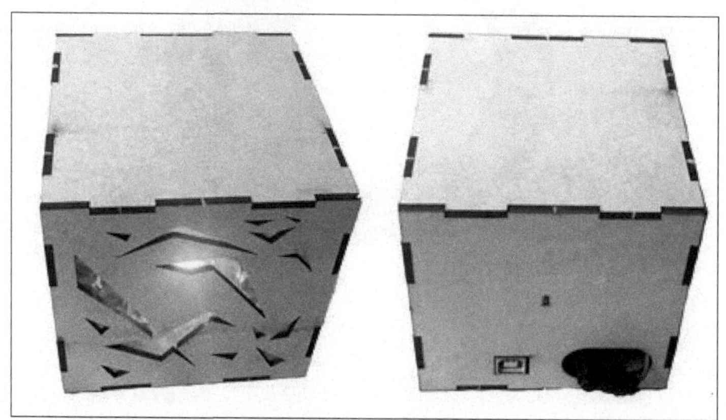

图5-14　利用光环板模块制作的闪光盒子

3. 创新应用

在创新作品中，全彩LED也有不少应用，很多竞赛的评审标准中会对作品的艺术性或艺术表达有一定要求。我们通过全彩LED可以更好地体现作品的艺术性，通过灯光颜色和灯光跑动的效果产生视觉的冲击。有些选手为了更好地诠释竞赛主题，会以沙盘的方式将作品呈现出来。此时，我们就可以考虑在沙盘上增加全彩LED了，灯光的设计能够更好地烘托出作品的艺术效果。

第 6 课　感光台灯

大家一定见过类似图 6-1 所示的小夜灯，这种小夜灯会随着天黑逐渐变亮，随着天亮逐渐熄灭。除此之外，很多智能手机也有这样的功能，手机屏幕的亮度会随外界光线的变化而变化，从而保护人们的眼睛。上一课，我们一起学习了如何通过 PWM 技术改变输出电压来控制 LED，那么 Arduino 主控板能不能通过感知外界环境的变化来控制 LED 呢？这就需要用到传感器了。本课我们一起来学习如何通过传感器控制 LED。

图 6-1　小夜灯

科学与知识

1. 传感器知识

在前面的学习中，我们通过程序控制 LED 的发光状态。无论是控制 LED 的亮度还是控制 LED 的点亮与熄灭，都是对输出端的控制。本课我们会在硬件中加入一些输入设备，简单来讲，输入设备就像人类的感觉器官一样，能够感知外界的环境。

我们的眼睛、耳朵、鼻子可以察觉外界光线、声音、气味的变化，然后把这些变化传送给大脑，大脑再决定我们该做什么。和感觉器官一样，传感器可以检测外界的光强、温度、湿度、烟雾浓度、酸碱度等的变化，然后生成电信号，并将其传递给控制器。传感器一般由敏感元件、转换元件和转换电路这 3 部分组成，通过敏感元件获取外界信息，然后将其转换成电信号输出给各种控制器。

传感器的种类非常多，按照传感器输出信号的类型，可以将传感器分成模拟传感器和数字传感器两类。

模拟传感器可以将被测量的信号转换成电压、电阻等模拟电信号，例如光敏传感器就是将检测到的光强转换成电阻值。

数字传感器可以将被测量的信号转换成数字量（或数字编码），不需要转换电路，可以直接将数字量（或数字编码）传输给控制器，比如温度传感器或压力传感器的数值能够直接被控制器读取。

数字传感器中有一个特殊类型，就是开关传感器，这是指当一个被测量的信号达到某个特定的阈值时，传感器会相应地输出高电平或低电平，例如按键就可以被当作一个开关传感器使用。

2. 光敏电阻

光敏电阻（见图6-2）是模拟传感器的一种，一般用硫化镉制作，这种材料在光的照射下，其电阻值会显著降低。我们可以用万用表直接测量光敏电阻的电阻值，进而确定光强的大小。但是Arduino主控板只能测量电压类型的模拟量输入，大家想一想，如何让Arduino主控板知道光敏电阻的电阻值呢?

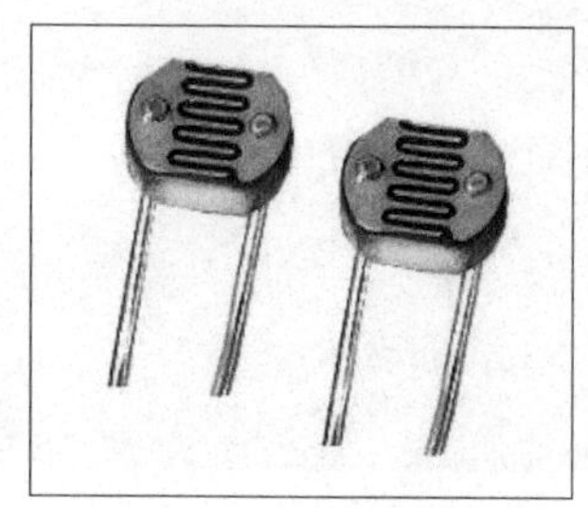

图6-2　光敏电阻

图6-3所示是光敏电阻的检测电路，其实就是运用了简单的分压原理。LDR为光敏电阻，R1是一个电阻值为10kΩ 的电阻，将R1和LDR串联，LDR的电阻值随着光强的变化而变化，光强越大，电阻值越小，整个电路通VCC的直流电，这样，我们只需要检测LDR两端的电压V_o，就能知道LDR电阻值的变化情况。精确计算的公式为：$V_o=V_{CC}\times R_{LDR}/(R_1+R_{LDR})$。所以，通过检测$V_o$的大小，就可以知道光强的情况，光强越大，$V_o$越小；光强越小，$V_o$越大；当环境足够黑暗时，$V_o\approx V_{CC}$。

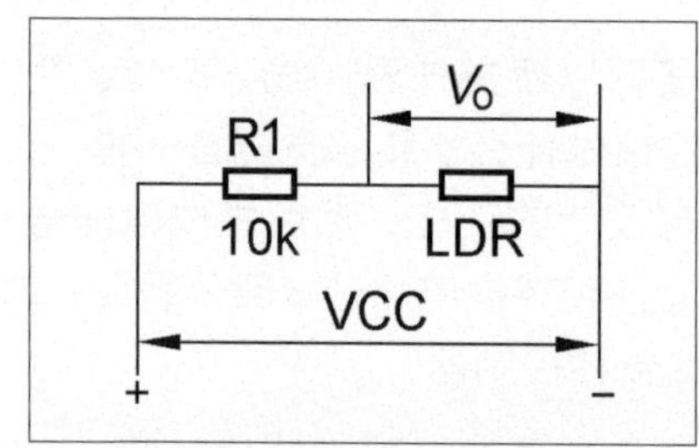

图6-3　光敏电阻检测电路

技术与实践

1. 任务描述

在这个任务中，大家需要使用光敏电阻来控制全彩LED模块中的红色LED，当光敏电阻检测到光线时，红色LED熄灭；当没有光线照射时，红色LED亮起。

2. 准备工作

本任务需要的材料如表6-1所示。

表6-1 光敏电阻简单控制LED实验所需材料

序号	名称	数量
1	Arduino二合一主控板	1块
2	光敏电阻模块	1个
3	光敏电阻连接线	1根
4	全彩LED模块	1个
5	全彩LED连接线	3根
6	USB线	1根

图6-4所示即为任务中要用到的光敏电阻模块，该模块有3个引脚，分别是OUT、VCC和GND，OUT引脚为电压信号输出引脚，VCC引脚连接电源正极，GND引脚连接电源负极。

图6-4 光敏电阻模块

3. 动手制作

按照图6-5所示的连接方式，将光敏电阻模块的GND和VCC引脚分别连接Arduino二合一主控板的GND和VCC引脚，将OUT引脚连接A0引脚。在使用过程中，一般将开关量的传感器连接在以“D”（代表数字）开头的引脚上，其他类型的传感器连接在以“A”（代表模拟）开头的引脚上。

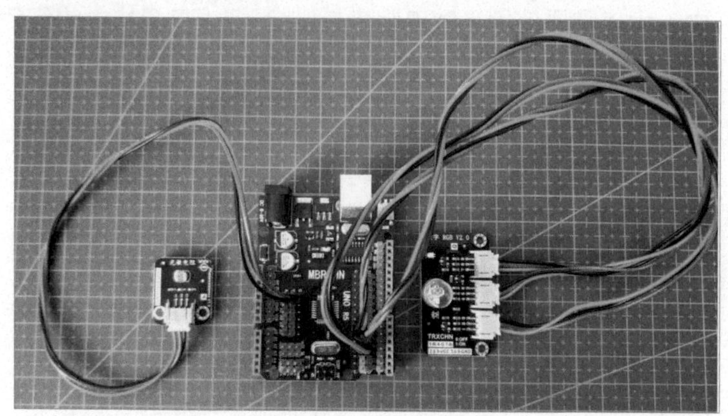

图6-5 光敏电阻模块的连线方式

4. 程序设计

Mixly中读取模拟输入的积木是“模拟输入管脚# ××”，我们可以在积木中输入指定的模拟量输入引脚，可以为A0~A5。

Arduino二合一主控板的A0~A5引脚为模拟量输入引脚，所谓模拟量输入，就是电压输入，Arduino二合一主控板可以检测这6个模拟量输入引脚上的电压，与参考电压比较后，用数字将其量化，默认的参考电压为V_{CC}，模拟量输入引脚的电压要在0~V_{CC}之间，且量化后的数字0~1023分别对应0~V_{CC}，例如我们这里将V_{CC}设置为5V，而模拟量输入引脚上检测到的电压为3V，那么我们读取后得到的值为1023×3/5=614。

条件判断选择的积木是“如果××执行××否则××”，当条件满足时，执行“执行××”对应的程序；当条件不满足时，执行“否则××”对应的程序。这也是程序中常用的一种结构——选择结构，利用选择结构可以将程序经过判断之后进行分支。

感光台灯的参考程序如图6-6所示。模拟输入值的变化范围为0~1023，所以取中间值作为判断条件。当模拟输入值大于中间值（读取到的值大于500）时，表示光线变暗了，将D3设为低电平，红灯就会点亮；当光线变亮（读取到的值小于或等于500）时，将D3设为高电平，红灯就熄灭了。是不是比较简单？大家快动手试试吧。

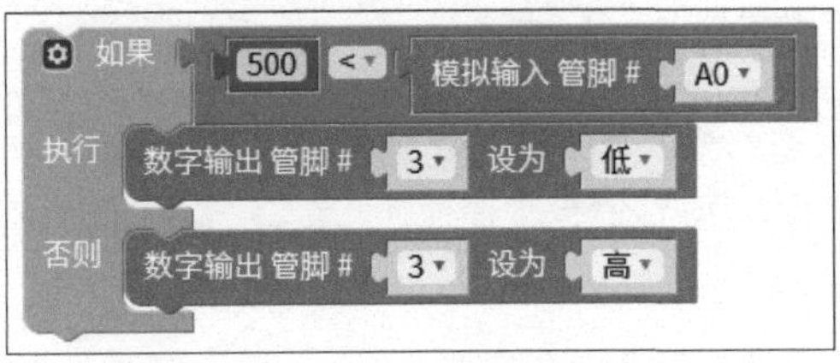

如果 500 < 模拟输入 管脚 # A0
执行 数字输出 管脚 # 3 设为 低
否则 数字输出 管脚 # 3 设为 高

图6-6　感光台灯的参考程序

程序6-1是对应生成的代码，analogRead(A0)是读取A0模拟输入值的函数，条件判断的语句是if…else…，if后的小括号里就是要判断的条件。当条件满足时，执行if后大括号里的内容；当条件不满足时，执行else后大括号里的内容。

上面我们只是完成了一次条件判断，点亮了一个LED，大家能不能把光线的亮度分成3段呢？比如模拟输入为800~1023，红灯点亮；模拟输入为400~799，绿灯点亮；模拟输入为0~399，蓝灯点亮。大家快开动脑筋，动手尝试吧。

程序6-1

```
void setup(){
  pinMode(3,OUTPUT);
}
void loop(){
  if(500<analogRead(A0)){
    digitalWrite(3,LOW);
  }else{
    digitalWrite(3,HIGH);
  }
}
```

任务与实现

本课我们要做一款感光台灯，台灯的亮度会随着外界光强的变化而变化。

1. 任务描述

组装感光台灯，再编程实现感光的效果。随着光强的减小，先是红灯慢慢变亮；当光强减小到一定数值时，红灯熄灭，绿灯再随着光强的减小慢慢变亮；当光强进一步减小到另一个数值时，绿灯也熄灭，蓝灯开始慢慢变亮。

2. 准备工作

制作感光台灯所需材料如表6-2所示。

表6-2　制作感光台灯所需材料

序号	名称	数量
1	Arduino二合一主控板	1块
2	全彩LED模块	1个
3	全彩LED模块连接线	3根
4	光敏电阻模块	1个
5	光敏电阻模块连接线	1根
6	椴木板	1个
7	M3×8mm双通六角铜柱	3颗
8	M2×8mm自攻螺栓	1颗
9	M3×10mm内六角螺栓	1颗
10	M3×6mm内六角螺栓	16颗
11	M3×50mm双通六角尼龙柱	4颗
12	M3螺母	5颗
13	M3×14mm内六角螺栓	2颗
14	USB线	1根
15	4节电池盒	1个

3. 动手制作

感光台灯的激光切割图纸如图6-7所示。

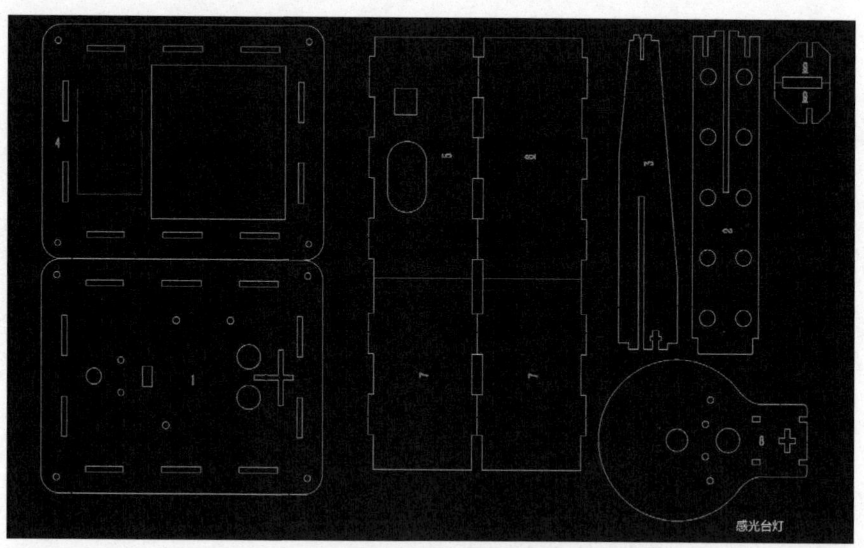

图6-7　感光台灯的激光切割图纸

（1）根据激光切割图纸切割椴木板，拿出其中的1号板，如图6-8所示，将Arduino二合一主控板用M3×6mm内六角螺栓、M3×8mm双通六角铜柱安装到相应的位置。

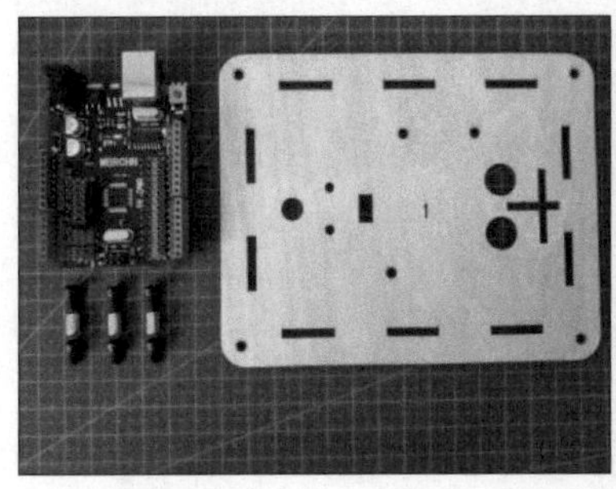

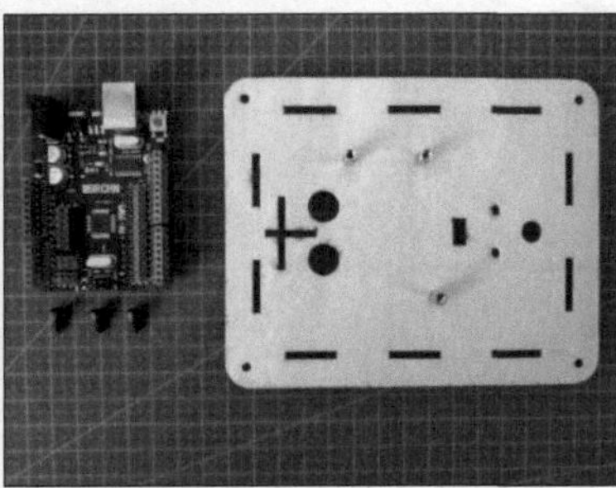

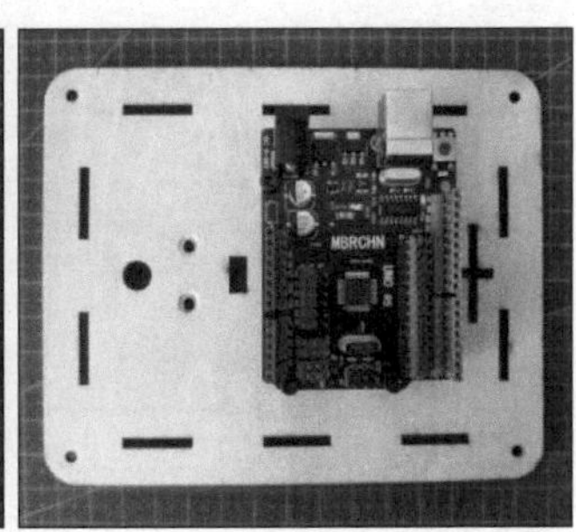

图6-8 感光台灯安装步骤1

（2）拿出1号板、光敏电阻模块、M3×6mm内六角螺栓、M3螺母、光敏电阻模块连接线，按照图6-9进行安装。

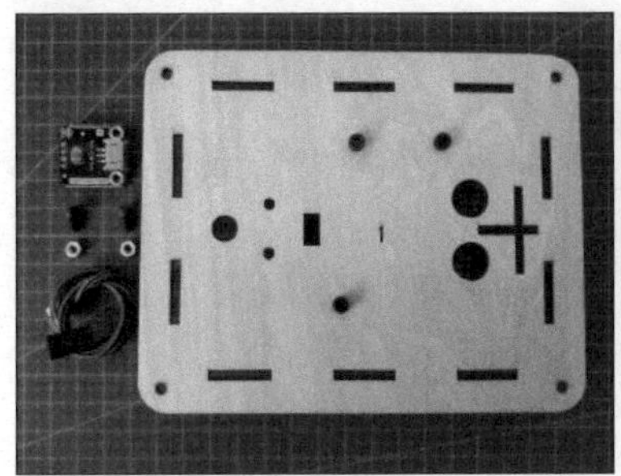

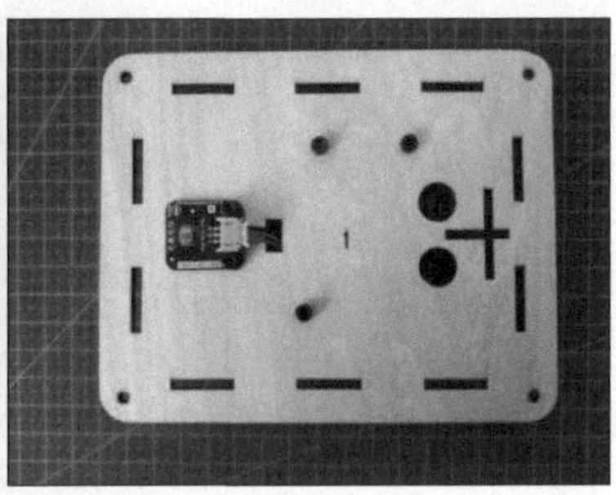

图6-9 感光台灯安装步骤2

（3）拿出2号板、3号板、8号板、9号板、全彩LED模块、2颗M3×14mm内六角螺栓、2颗M3螺母、1颗M2×8mm自攻螺栓和全彩LED模块连接线，按照图6-10进行安装。

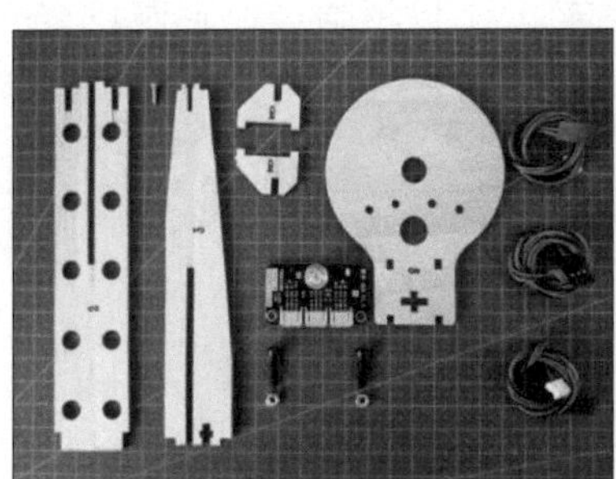

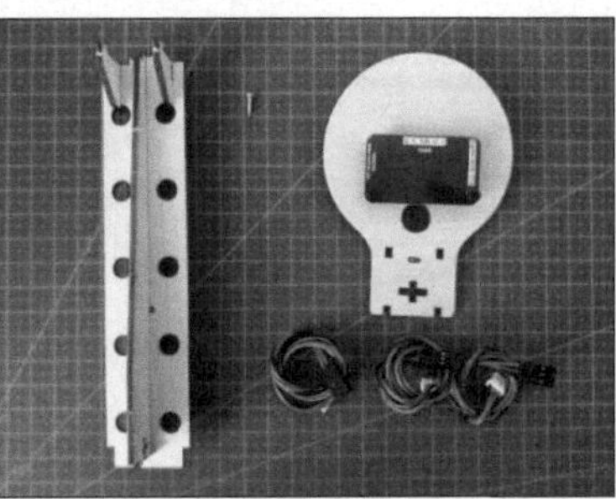

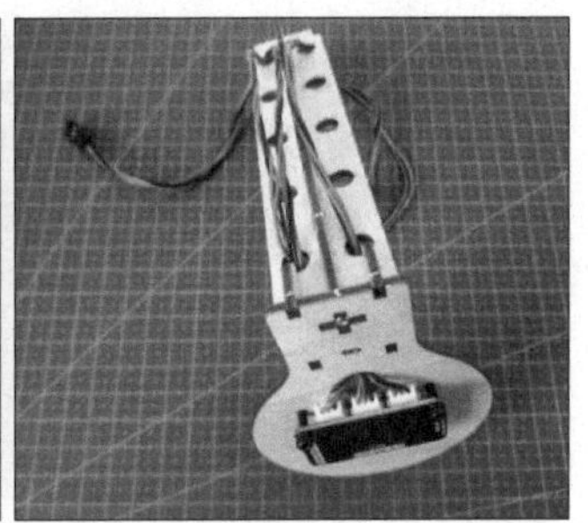

图6-10 感光台灯安装步骤3

（4）用M3×10mm内六角螺栓、M3螺母组装上述结构，如图6-11所示。

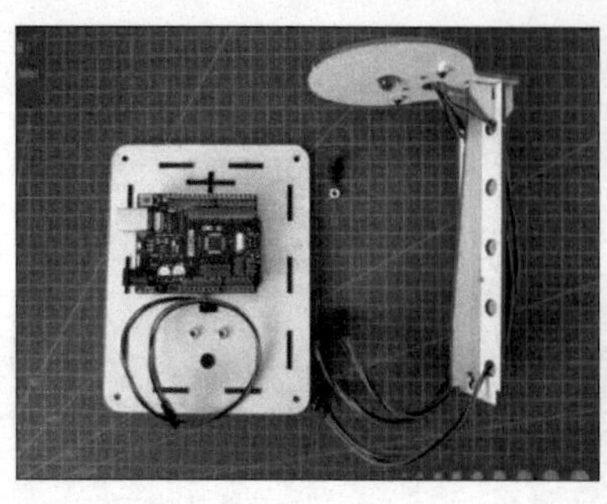
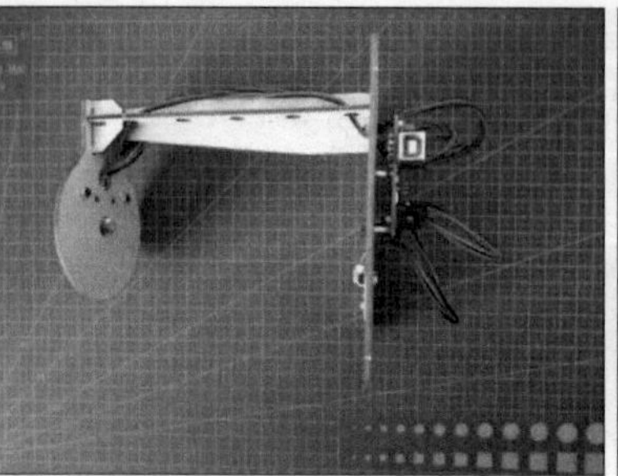
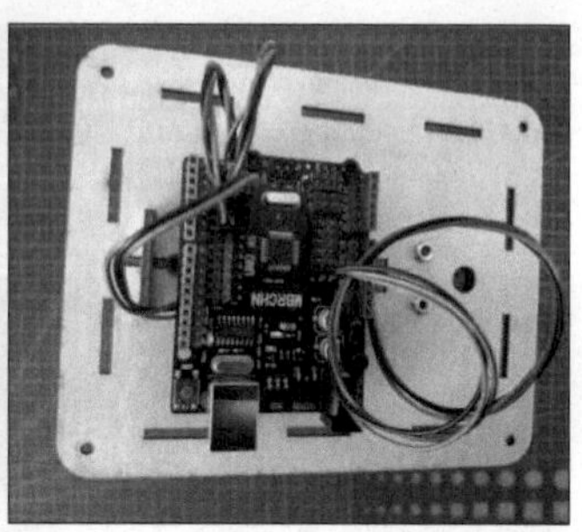

图6-11　感光台灯安装步骤4

（5）拿出上一步组装好的结构，将5号板、6号板、7号板插入1号板相应位置的插槽，装上铜柱，再安装4号板底座，拧上M3×6mm内六角螺栓，如图6-12所示。

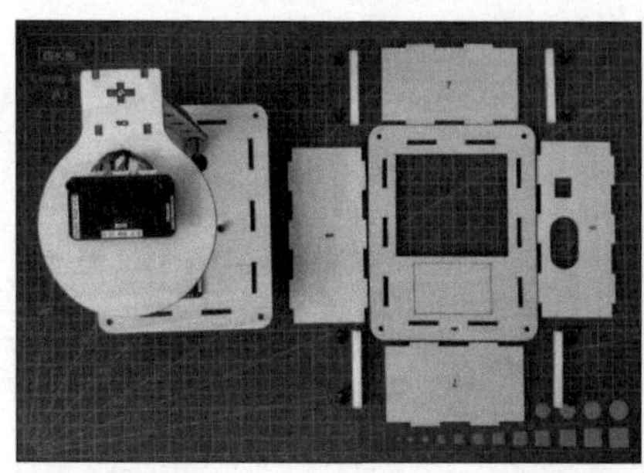

图6-12　感光台灯安装步骤5

4. 程序设计

编程时需要注意的是，Arduino主控板读取的模拟输入值范围为0~1023，而设置模拟输出时的范围是0~255，这就需要进行转化。幸运的是，Mixly中有一个“映射（整数）××从[××，××]到[××,××]”积木，可以进行数值转化。

另外，由于D3引脚位于LED的阴极，其输出电压越大，LED越暗；光强越大，读取到的模拟输入值越小，而我们要达到的目的是，光强越大，LED越暗，也就是D3引脚的输出值应该越大，所以我们要用255减去读取到的模拟输入值，使光强、LED的变化与我们的设计一致。

此外，我们对应光强的模拟输入值变化范围0~1023分成3段，为了较好识别，我们设定的3段为0~399、400~799、800~1023。

感光台灯的参考程序如图6-13所示。

```
声明 全局变量 Mapping 为 整数 并赋值 0
如果 0 ≤ 模拟输入 管脚# A0 且 400 > 模拟输入 管脚# A0
执行 模拟输出 管脚# 3 赋值为 255 - 映射(整数) Mapping 从[ 0 , 399 ]到[ 0 , 255 ]
     数字输出 管脚# 5 设为 高
     数字输出 管脚# 6 设为 高
否则 如果 400 ≤ 模拟输入 管脚# A0 且 800 > 模拟输入 管脚# A0
     执行 模拟输出 管脚# 5 赋值为 255 - 映射(整数) Mapping 从[ 400 , 799 ]到[ 0 , 255 ]
          数字输出 管脚# 3 设为 高
          数字输出 管脚# 6 设为 高
     否则 模拟输出 管脚# 6 赋值为 255 - 映射(整数) Mapping 从[ 800 , 1023 ]到[ 0 , 255 ]
          数字输出 管脚# 3 设为 高
          数字输出 管脚# 5 设为 高
```

图6-13　感光台灯的参考程序

程序里有两个条件选择语句，从而可以分辨3种情况，然后在各种情况下，把获取到的模拟输入值映射后直接复制给数字引脚输出，控制LED的亮度。

程序6-2是对应生成的代码，在这里给大家介绍一下程序中的map()函数，这个函数就是我们上面提到的映射函数，它的第1个参数是需要变换的量，这里就是读取的模拟输入值，第2个和第3个参数是变换前的数值范围，第4个和第5个参数是变换后的数值范围。

程序6-2

```
volatile int Mapping;
void setup(){
 Mapping = 0;
 pinMode(PA0, OUTPUT);
}
void loop(){
  if (0 <= analogRead(PA0) && 400 > analogRead(PA0)) {
    analogWrite(PA0,(255 - (map(Mapping, 0, 399, 0, 255))));
    digitalWrite(PA0,HIGH);
    digitalWrite(PA0,HIGH);
  } else {
    if (400 <= analogRead(PA0) && 800 > analogRead(PA0)) {
      analogWrite(PA0,(255 - (map(Mapping, 400, 799, 0, 255))));
      digitalWrite(PA0,HIGH);
      digitalWrite(PA0,HIGH);
    } else {
      analogWrite(PA0,(255 - (map(Mapping, 800, 1023, 0, 255))));
      digitalWrite(PA0,HIGH);
      digitalWrite(PA0,HIGH);
    }
  }
}
```

5. 成果展示

感光台灯的最终成品如图6-14所示。

我们学习了通过光敏电阻控制LED的开关，那么怎样才能按照红、绿、蓝的顺序循环开启LED呢？请大家思考、讨论后通过编程来实现。

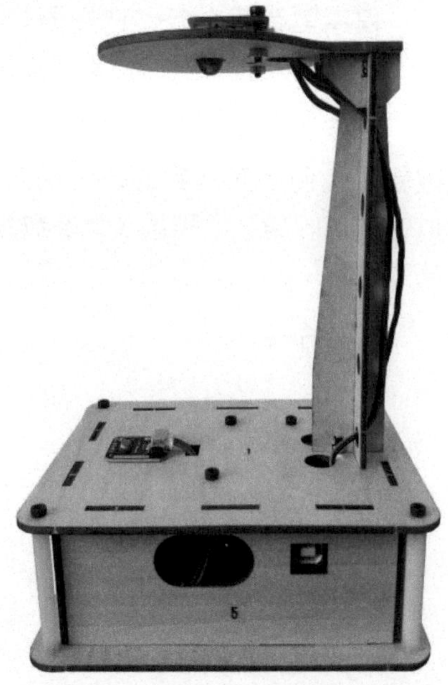
图6-14 感光台灯的最终成品

拓展与思考

大家想一想，光敏电阻除了可以用来控制LED，还能用在什么地方？我们知道光敏传感器可以用来测量光的强弱，那么我们能不能用其测量光的颜色呢？这里就要说一说颜色传感器了。

颜色传感器可以把光的颜色转换成相应的电压或者脉冲频率输出，例如，RGB颜色传感器内部有感知红色光强的单元、感知绿色光强的单元和感知蓝色光强的单元，分别获取红、绿、蓝3种颜色的光强，就可以计算得到光的颜色了。全彩LED可以通过控制红、绿、蓝3种颜色的光强组合出我们需要的颜色，颜色传感器则正好相反，颜色传感器可以通过获取某种颜色所包含的红、绿、蓝3种颜色的光强，得到实际的颜色值。

创新与延伸

随着科技的快速发展，生活中的智能元素越来越多。很多城市的交通信号灯已经能够根据车流量来调整红灯和绿灯的时长了。光敏电阻在创意作品中有广泛的应用，大家可以发挥自己的想象力，做一个智能交通信号灯，将光敏电阻应用在城市交通中。

1. 创新设计

请在下面写出你的设计思路并画出设计草图。

2. 案例分享

夜间行车光线不足时，容易发生交通事故。如果我们将道路的分道线用LED灯串代替，再加上光敏电阻，光线不足时，LED灯串便可以自动点亮，提高照明效果。检测光线的同时，我们还希望兼顾行人经过的状态，实时监测是否有行人触发点亮LED灯串的按键。在实现这个作品之前，先给大家介绍一个新的积木（见图6-15）。该积木用于执行多线程任务，最多可支持8个任务。

图6-15　Scoop Task积木

图6-16所示是智能交通信号灯的参考程序。在该程序中，使用了两个“Scoop Task×× 初始化 ×× 循环 ××”积木，第一个积木用于处理检测光线明暗对应的任务，第二个积木用来处理两次按键之间的间隔。

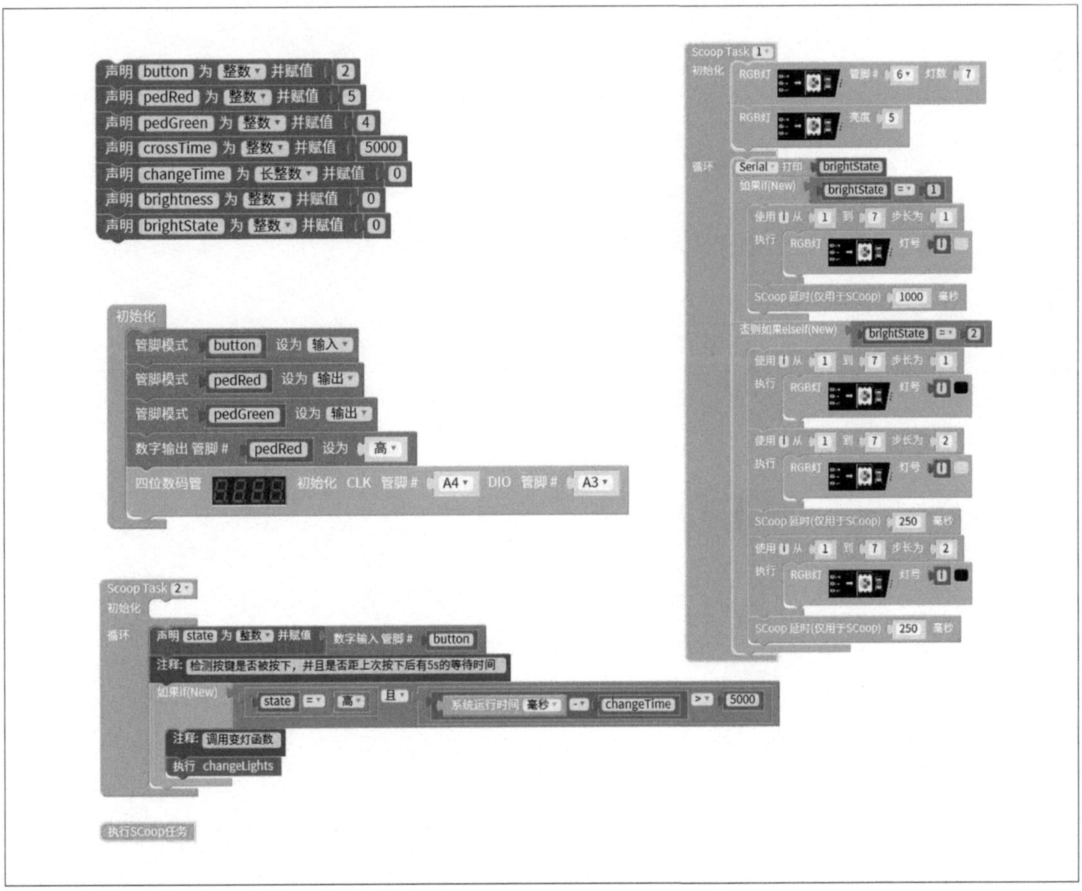

```
声明 button 为 整数 并赋值 2
声明 pedRed 为 整数 并赋值 5
声明 pedGreen 为 整数 并赋值 4
声明 crossTime 为 整数 并赋值 5000
声明 changeTime 为 长整数 并赋值 0
声明 brightness 为 整数 并赋值 0
声明 brightState 为 整数 并赋值 0

初始化
    管脚模式 button 设为 输入
    管脚模式 pedRed 设为 输出
    管脚模式 pedGreen 设为 输出
    数字输出 管脚# pedRed 设为 高
    四位数码管 初始化 CLK 管脚# A4 DIO 管脚# A3

Scoop Task 2
初始化
循环
    声明 state 为 整数 并赋值 数字输入 管脚# button
    注释: 检测按键是否被按下，并且是否距上次按下后有5s的等待时间
    如果if(New) state = 高 且 系统运行时间 毫秒 - changeTime > 5000
        注释: 调用变灯函数
        执行 changeLights

执行SCoop任务

Scoop Task 1
初始化
    RGB灯 管脚# 6 灯数 7
    RGB灯 亮度 5
循环
    Serial 打印 brightState
    如果if(New) brightState = 1
        使用 i 从 1 到 7 步长为 1
        执行 RGB灯 灯号 i
        SCoop 延时(仅用于SCoop) 1000 毫秒
    否则如果elseif(New) brightState = 2
        使用 i 从 1 到 7 步长为 1
        执行 RGB灯 灯号 i
        使用 i 从 1 到 7 步长为 2
        执行 RGB灯 灯号 i
        SCoop 延时(仅用于SCoop) 250 毫秒
        使用 i 从 1 到 7 步长为 2
        执行 RGB灯 灯号 i
        SCoop 延时(仅用于SCoop) 250 毫秒
```

图6-16　智能交通信号灯的参考程序

程序6-3所示是自动生成的部分代码。我们可以看到在主循环函数loop()外，有void scoopTask1::setup()、void scoopTask1::loop()、void scoopTask2::setup()、void scoopTask2::loop()，每一个scoopTask模块分别有两个部分，scoopTask中的setup()函数和loop()函数。

除此之外，我们看到scoopTask中的延时使用的是sleep()函数，和以往我们熟悉的delay()函数不同的是，sleep()函数的延时只在scoopTask中有效，大家在编程时需要注意。

程序6-3

```
void scoopTask1: :setup( )
{
  rgb_ display. setBrightness(5);
  void scoopTask1: :loop()
  {
    Serial. println(brightState);
    if(( (brightState == 1)){
    for (int i= 1;i<=7;i=i+ (1)) {
    rgb_ display. setPixelColor(i-1, 153,255,153);
    rgb_ display. show();
  }
  sleep(1000);
}
else if((brightState == 2)){
  for (int i=1;i<=7;i=i+ (1)) {
    rgb_ display .setPixelColor(i-1, 0,0,0);
    rgb_ display. show();
  }
  for (int i=1; i<=7;i=i+(2)) {
  rgb_ display.setPixelColor(i-1, 153,255,153);rgb_ display . show();
}
sleep(250) ;
for (int i=1;i<=7;i=i+(2)) {
  rgb_ display.setPixelColor(i-1, 0,0,0);
  rgb_ display. show();
  sleep(250) ;
}
boolean mixly_ digitalRead(uint8_ t pin) {
  pinMode(pin, INPUT);
  boolean_ return = digitalRead(pin);
  pinMode(pin, OUTPUT);
  return_ return;
```

```
}
defineTask( scoopTask2)
void scoopTask2: :setup()
{
}
void scoopTask2: : loop()
{
  int state = mixly_ _digitalRead(button);
  //检测按键是否被按下，并且是否距上次按下后有5s的等待时间
  if((state == HIGH && millis() - changeTime > 5000) ){
    //调用变灯函数
    changeL ights();
  }
}
```

智能交通信号灯的制作过程和最终成品如图6-17所示。

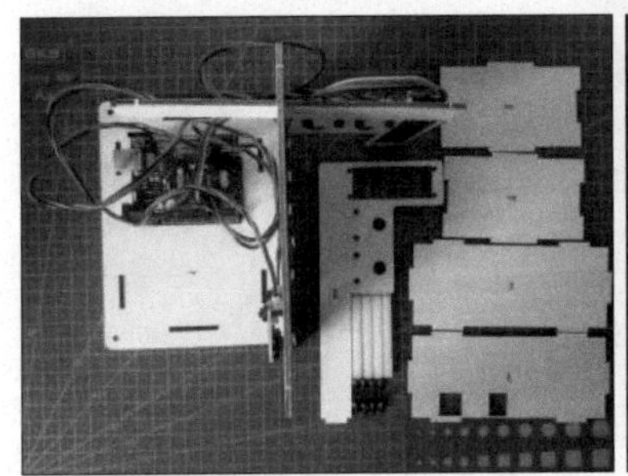
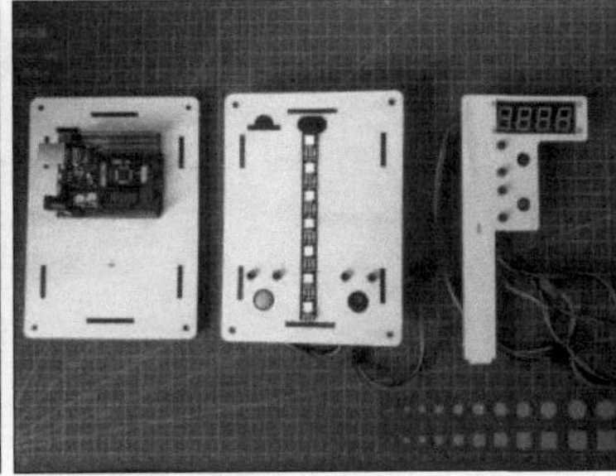
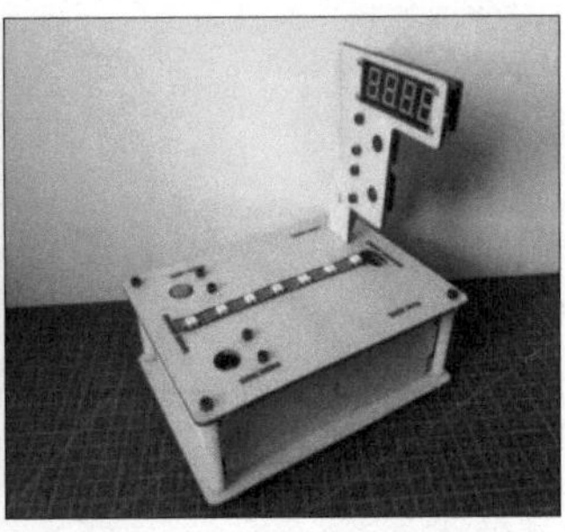

图6-17　智能交通信号灯的制作过程和最终成品

3. 创新应用

本课我们给大家介绍了光敏电阻，它经常被用在创新作品中。伴随式补光机器人就是一个经典的运用，作品通过超声波测距传感器完成在理想环境中对指定人物的追踪，当人走到光线不足的区域时，机器人自动打开LED补光。

有的同学利用多个光敏电阻形成阵列，检测环境光线，控制舵机转动，制作了一个具有追光功能的太阳能板。可见，光敏电阻可以应用在很多领域中，增加作品的智能化程度。

第 7 课　坐姿提醒装置

大家在学习的时候可能会不自觉地靠近书桌，甚至距离桌面特别近，长此以往，我们不仅会视力下降，还可能驼背。坐姿纠正器（见图7-1）可以帮助我们纠正坐姿。本课我们一起来学习如何通过传感器制作坐姿提醒装置。

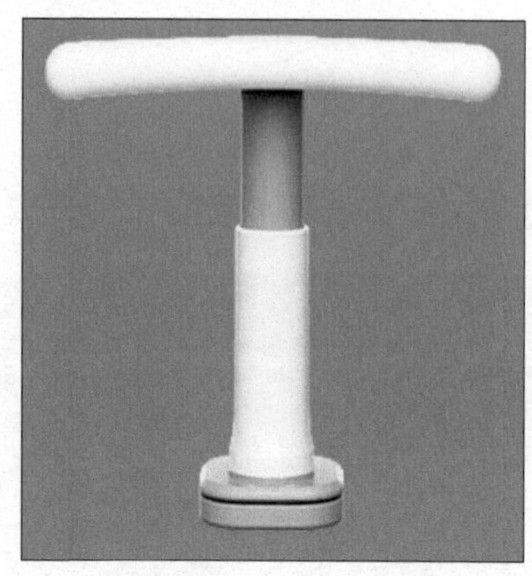

图7-1　坐姿纠正器

科学与知识

1. 蜂鸣器

声音通过振动产生，并可以在一定的介质里传播。蜂鸣器（见图7-2）就是一种可以把电路的振动转换成声音的器件。既然需要电路的振动，那么就需要振动源。如果将振动源装在蜂鸣器里面，给蜂鸣器通电，它就可以发出声音，那么它就是有源蜂鸣器；如果需要外部给蜂鸣器提供振动源，它才能发出声音，那么它就是无源蜂鸣器。

更改有源蜂鸣器的电压（通过模拟输出形式）会发现，只会改变蜂鸣器的音量，但是无法变化音调，这是为什么呢?

原来音调和声音的频率有关，有源蜂鸣器内置了振动源，所以它的频率是固定的，这也就决定了它的音调是一定的。

图7-2　蜂鸣器

2. 超声波传感器

超声波传感器（见图7-3）是一种常见的传感器，某些汽车的倒车雷达就是超声波传感器的一个经典应用。超声波传感器的主要作用是测量距离，其工作原理可以简单地理解为$s=vt$。超声波传感器中的超声波振子发射出高频的声波，声波遇到被测物体后被反射回来，超声波传感器再接收此反射波，根据这一过程的时间和声速，计算得到距离。

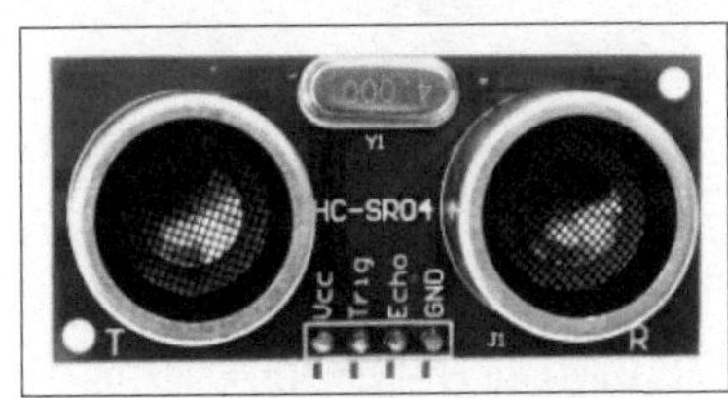

图7-3　超声波传感器

超声波的指向性强，能量消耗缓慢，在介质中传播的距离较远，所以经常被用于测量距离。如测距仪和位移测量仪等可以通过超声波传感器来实现。日常生活中，一些汽车上配有倒车雷达，也应用了超声波传感器。利用超声波传感器进行检测往往比较迅速、方便，易于做到实时控制，并且在测量精度方面能达到工业级要求，因此超声波传感器在移动机器人的研制上也得到了广泛应用。

技术与实践

1. 任务描述

在这个任务中，我们要让蜂鸣器发出一段具有节奏感的声音。

2. 准备工作

完成该任务需要准备的材料如表7-1所示。

表 7-1　蜂鸣器发声实验所需材料

序号	名称	数量
1	Arduino二合一主控板	1块
2	蜂鸣器模块	1个
3	传感器连接线	2根
4	USB线	1根

图7-4所示为蜂鸣器模块。它有3个引脚，分别是IN引脚、VCC引脚和GND引脚，其中，IN引脚为信号输入引脚，VCC引脚连接电源正极，GND引脚连接电源负极。

图7-4　蜂鸣器模块

3. 动手制作

将蜂鸣器模块的GND和VCC引脚分别连接Arduino二合一主控板的GND和VCC引脚，IN引脚连接D3引脚，连接方式如图7-5所示。

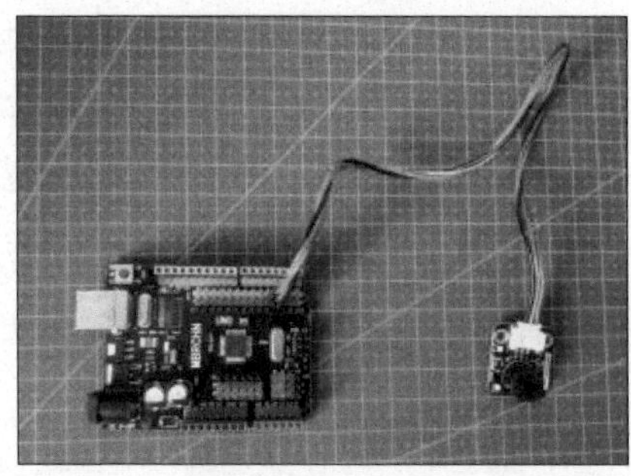

图7-5　蜂鸣器模块的连接方式

4. 程序设计

Mixly中蜂鸣器控制模块对应的积木是“无源蜂鸣器 管脚#×× 频率×× 持续时间××”，#后的是输出引脚，可以为D0~D13。

蜂鸣器独奏的参考程序如图7-6所示。蜂鸣器会以200Hz、300Hz、……、700Hz的频率依次振动发出声音，每种频率的振动时间为300ms，如此往复。是不是比较简单？大家快动手试试吧！

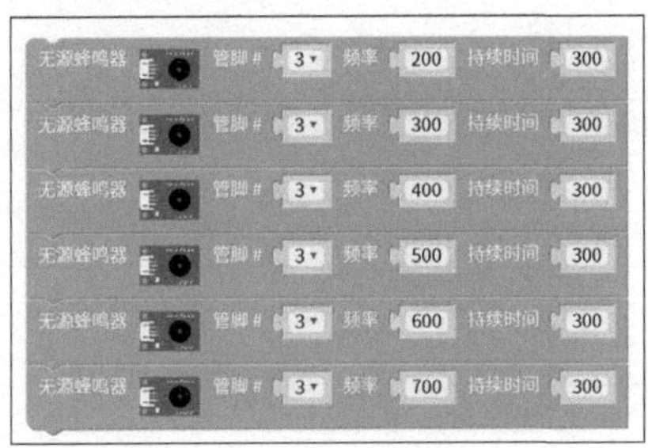

图7-6　蜂鸣器独奏的参考程序

程序7-1是对应生成的代码，其中tone()就是控制蜂鸣器发出声音的函数，通过写入蜂鸣器的引脚号、频率，控制对应引脚的蜂鸣器振动的频率。

程序7-1

```
void loop(){
  tone(3,200);//无源蜂鸣器/扬声器发出音调
  delay(300);//持续300ms
  tone(3,300);
  delay(300);
  tone(3,400);
  delay(300);
  tone(3,500);
  delay(300);
  tone(3,600);
  delay(300);
  tone(3,700);
  delay(300);
}
```

任务与实现

本课我们要做一款坐姿提醒装置，当身体与坐姿提醒装置的距离小于设置的值时，坐姿提醒装置会发出声音进行提醒。

1. 任务描述

在这个任务里，大家首先要组装好坐姿提醒装置，然后通过编程来实现，当人与坐姿提醒装置的距离小于某个值时，它会发出提醒。同时，我们要设置一个可选的距离，通过按键选择触发警报的距离。我们还要保证警报的声音有变化。

2. 准备工作

制作坐姿提醒装置所需的材料如表7-2所示。

表7-2　制作坐姿提醒装置所需材料

序号	名称	数量
1	Arduino二合一主控板	1块
2	笑脸超声波传感器	1个
3	蜂鸣器模块	1个
4	按键模块	1个
5	传感器连接线	4根
6	椴木板	1个
7	M3×8mm内六角螺栓	9颗
8	M3螺母	9颗
9	USB线	1根
10	4节电池盒	1个

3. 动手制作

坐姿提醒装置的激光切割图纸如图7-7所示。

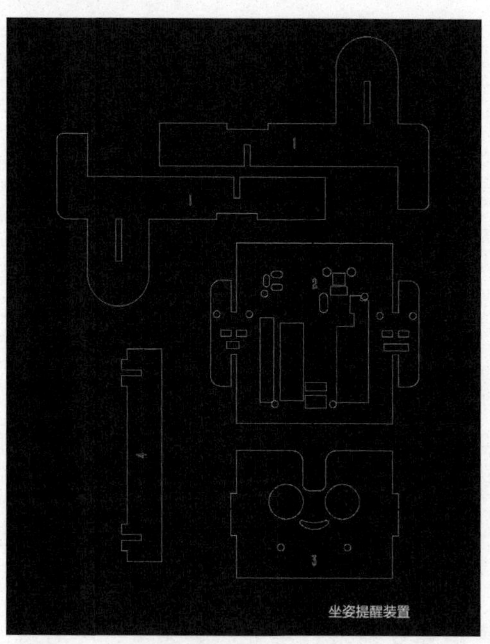

图7-7　坐姿提醒装置的激光切割图纸

（1）根据激光切割图纸切割椴木板，得到结构件，拿出其中的2号板，如图7-8所示，将Arduino二合一主控板、按键模块和蜂鸣器模块用M3×8mm内六角螺栓、M3螺母安装到合适位置，并将按键模块接在主控板的D2引脚上，蜂鸣器模块接在主控板的D3引脚上。

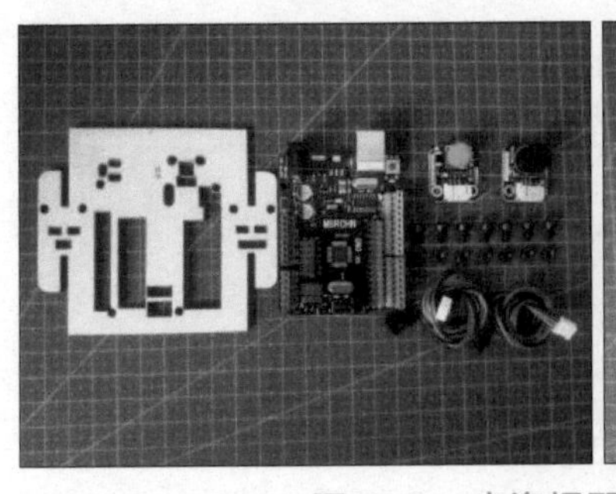
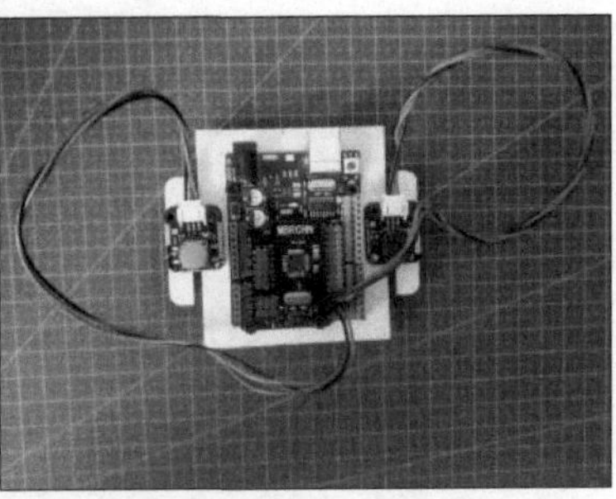

图7-8　坐姿提醒装置安装步骤1

（2）拿出3号板、笑脸超声波传感器、传感器连接线、M3×8mm内六角螺栓和M3螺母，按照图7-9进行安装。

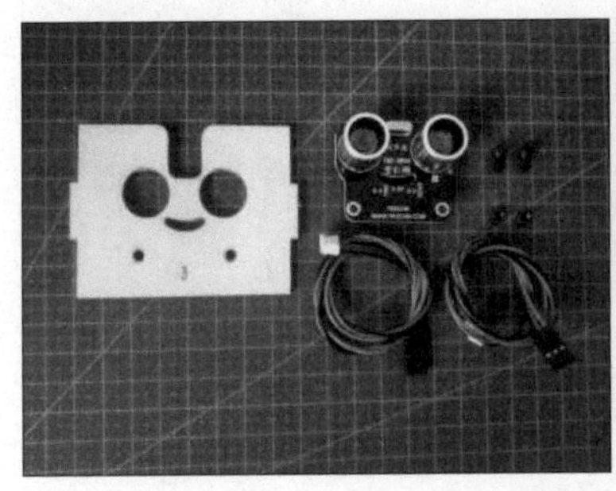
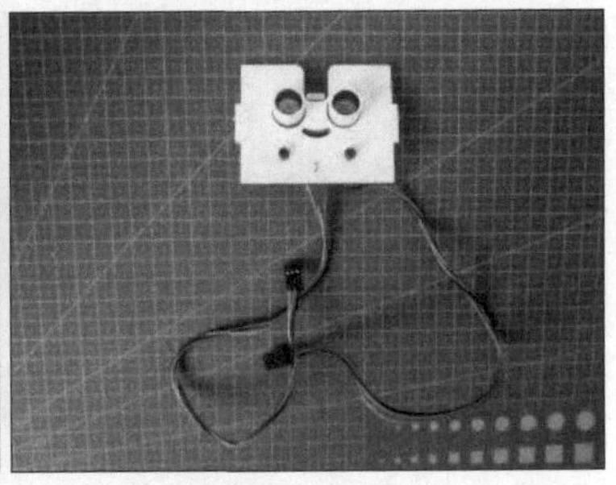

图7-9　坐姿提醒装置安装步骤2

（3）拿出两个1号板、1个4号板，把笑脸超声波传感器的T引脚连接到主控板的A2引脚上，R引脚连接到主控板的A3引脚上，接着把1号板、2号板、3号板拼插好，再将4号板拼插到合适位置，如图7-10所示。

图7-10　坐姿提醒装置安装步骤3

4. 程序设计

坐姿提醒装置的参考程序如图7-11所示。

```
声明 全局变量 DelayTime 为 整数 并赋值 300
声明 全局变量 Distance 为 整数 并赋值 0
声明 全局变量 DisState 为 整数 并赋值 0

Tone 参数：x
执行 无源蜂鸣器 管脚# 3 频率 x 持续时间 DelayTime
     无源蜂鸣器/喇叭-结束声音 3
     延时 毫秒 DelayTime

多功能按键 管脚# 2 单击 电平触发 高
执行 如果if(New) DisState < 3
       DisState += 1
     否则如果elseif(New) DisState = 3
       DisState 赋值为 1

Distance 赋值为 超声波测距(cm) Trig# A2 Echo# A3
如果if(New) DisState = 1 且 Distance ≤ 15
  执行 Tone 参数：
    x 200
否则如果elseif(New) DisState = 2 且 Distance ≤ 25
  执行 Tone 参数：
    x 400
否则如果elseif(New) DisState = 3 且 Distance ≤ 40
  执行 Tone 参数：
    x 600
否则else(New) 无源蜂鸣器/喇叭-结束声音 3
```

图7-11　坐姿提醒装置的参考程序

5. 成果展示

坐姿提醒装置的最终成品如图7-12所示。

图7-12　坐姿提醒装置的最终成品

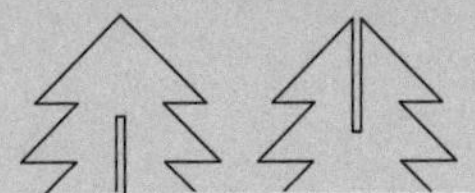

拓展与思考

在前面的学习中，给大家介绍的蜂鸣器是有源蜂鸣器。这个“源”指的振荡源，有源蜂鸣器的特点是音调不可调。如果想让蜂鸣器能够演奏出乐曲，应该如何实现呢？大家想到的可能是用无源蜂鸣器发出声音。大家可以尝试一下，利用无源蜂鸣器制作一个简易的八音盒。

创新与延伸

蜂鸣器可以发出“嘀嘀”的响声，不由让我们想起20世纪人们常用的一种通信方式——电报。电报能以无线电的方式进行通信，使移动的通信方式成为可能。我们不禁感叹，科技的发展是如此迅速。如今我们已经可以使用高速、顺畅的无线通信方式进行视频通话了。请大家查阅一下资料，20世纪的无线电报机是什么样子的呢？我们是否可以制作一个模拟的无线电发报机呢？

1. 创新设计

请在下面写出你的设计思路并画出设计草图。

2. 案例分享

电报机是用来发送和接收电报的装置，图7-13所示是一台很古老的发报机，它和现代发报机的基本构成是一样的：1个按键、1个发声装置和1个信号发出装置。按下按键，接通电源，信号发出装置将信号通过无线电波发送出去，从而给收报者发报，同时发声装置也发出声音。如果不按下按键，相应地就不发送信号。而接收者接收到电报后，装置上的发声装置就会发出对应的声音。这样，通过声音的通断和通断的长短关系，就可以组合出信息。我们可以模拟制作一个发报机，通过选择结构来判断按键是否被按下，从而执行不同的程序。

图7-13　发报机

模拟发报机的参考程序如图7-14所示。当按键被按下时，模拟发报机发出声音，灯亮。

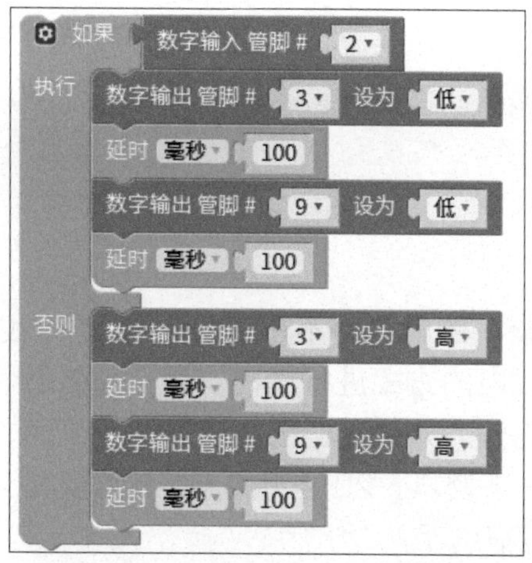

图7-14　模拟发报机的参考程序

模拟发报机的制作过程和最终成品如图7-15所示。

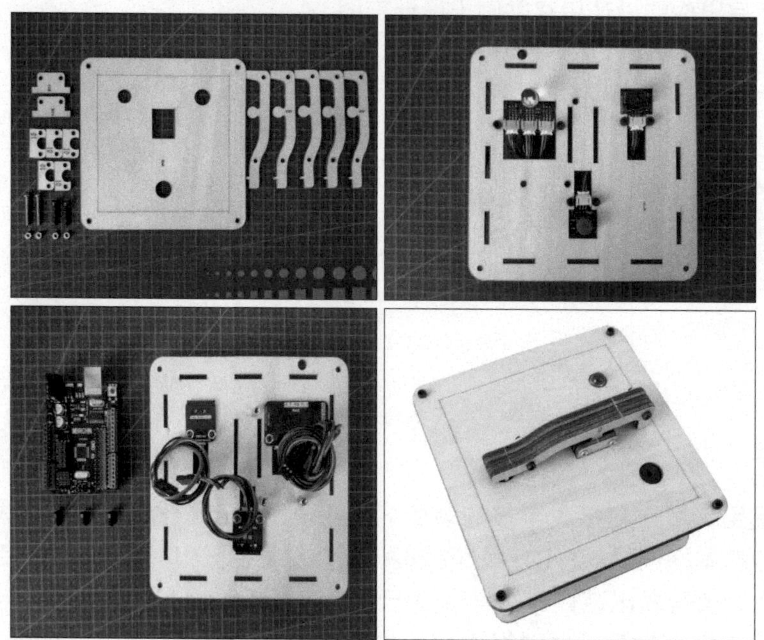

图7-15　模拟发报机的制作过程和最终成品

3. 创新应用

本课我们主要给大家介绍了蜂鸣器和超声波传感器的应用。在前面的学习中，我们介绍了如何用LED来检测程序的运行是否正确。同样地，我们可以用蜂鸣器以提示音的方式检测程序的运行是否正确。

在工程类创新作品中，超声波传感器应用广泛。图7-16所示就是利用超声波传感器完成的一个作品，该作品是一个智能地铁拉手，作者将超声波传感器放置在车顶，先通过超声波传感器检测乘车人的身高，然后再根据身高释放不同长度的拉手，从而实现拉手的个性化设置。

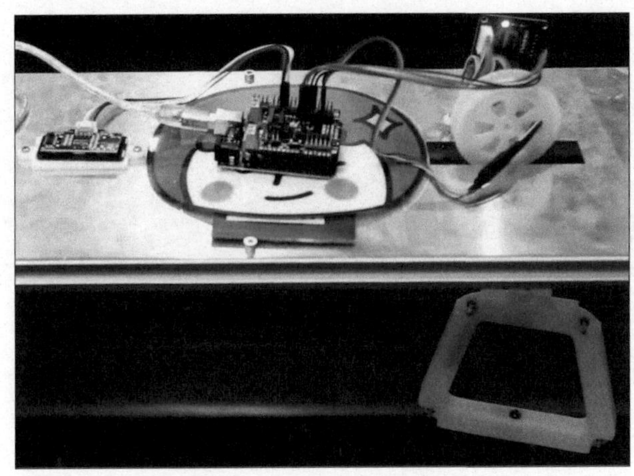

图7-16　智能地铁拉手

第 8 课　对战神器

大家可能玩过类似“看看谁的反应快”的游戏，很多同学非常喜欢这样的游戏。本课我们一起来学习和制作一款对战神器。完成制作后，大家就可以和好朋友一起玩这个游戏了，来看看谁的反应更快。在制作对战神器前，我们先来学习一下数码管模块。

科学与知识

1. 数码管模块

本课我们来学习一个具有显示功能的元器件——数码管。通过前面的学习，我们知道全彩LED的红、绿、蓝3个发光二极管是通过共阴极或共阳极接法来连接和控制的，同样地，我们把7个发光二极管通过共阴极或共阳极接法进行连接，引出公共电极和其他7个控制引脚，就可以用来显示数字或者字母了。图8-1所示就是一个一位的数码管，为了表示得更全面，该数码管右下角还增加了点的显示。

图8-1　数码管

考虑一下，Arduino主控板的控制引脚数量是一定的，如果想同时控制4个数码管，显然引脚数量是不够的，那怎么办呢？我们可以利用一款芯片——TM1637芯片来解决这个问题，它其实就是一款可以控制数码管的控制器。我们把数码管和TM1637芯片组合成图8-2所示的数码管模块，这样Arduino主控板就可以通过两个控制引脚对数码管模块进行控制了。

图8-2　数码管模块

2. I²C 通信方式

在前面的介绍中，我们讲到Arduino主控板只需要两根数据线就可以和数码管模块进行通信，这种通信方式叫作I²C。这两根线有一根叫串行时钟线（SCL），两个芯片之间的通信需要时间上的同步，时钟线用来完成时钟的同步；另一根线叫串行数据线（SDA），大家知道机器之间的通信只能用0和1来完成，芯片之间通信时，数据线上低电平就代表0，高电平就代表1，发送数据的一方把数据线设置为低电平，接收数据的一方检测到低电平，就可以知道现在传输的是0，反之就是1。

3. 除法的取整和取余

对于除法，大家可能再熟悉不过了，但是程序里的除法呢？是不是和我们平常所学一样？例如3除以2，是不是也等于1.5呢？

程序里的除法运算，和数学里的除法运算有着很大不同。在程序里，我们需要制定变量的数据类型，例如，将变量设置为整型或浮点型。所谓整型，就是表示整数的类型；而浮点型，就是可以表示小数的数据类型。如果我们把3除以2的结果赋值给整型会怎么样呢？对于程序来说，是没有四舍五入这个判断条件的，所以把3除以2的结果赋值给整型就会得到1。那丢掉的0.5怎么办呢？程序还提供了一个取余的符号%，3%2可以获得余数的部分，也就是3%2=5。这就是编程中除法取整和取余的运算方法。

技术与实践

1. 任务描述

用Arduino二合一主控板和数码管模块来做一个时钟。

2. 准备工作

制作数码管时钟的所需材料如表8-1所示。

表8-1　制作数码管时钟所需材料

序号	名称	数量
1	Arduino二合一主控板	1块
2	数码管模块	1个
3	I²C连接线	1根
4	USB线	1根

图8-3所示是这个任务中要用到的数码管模块的引脚。

图 8-3　数码管模块的引脚

3. 动手制作

如图 8-4 所示，将数码管模块用 I^2C 连接线与 Arduino 二合一主控板上的 I^2C 接口连接，注意不要把线接反了。

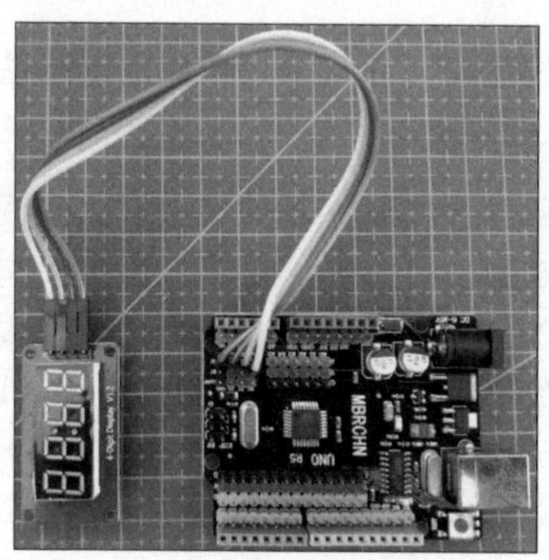

图 8-4　数码管模块的连接方式

4. 程序设计

在 Mixly 中，完成数码管配置功能的积木是“TM1637 初始化 CLK 管脚 # × × DIO 管脚 # × ×”，该积木在“模块”→“显示器”→“四位数码管显示”中可以找到。该积木的功能是初始化数码管模块通信用的 I^2C 的 SCL（CLK）和 SDA（DIO）的引脚，在 Arduino Uno 主控板的引脚图中，SCL 对应的引脚是 A5，SDA 对应的引脚是 A4。

实现数码管显示的积木是“四位数码管 TM1637 显示时间 × × 时 × × 分 时钟点设为 × ×”，该积木可以控制数码管数字的显示和时钟点（数码管右下角的点）的显示，“时”与“分”对应的两个数字为模拟量，“时”前方的数字可以是 0~23，“分”前方的数字可以是 0~59，时钟点只能选择“开”或“关”，“开”表示显示，“关”表示不显示。数码管时钟的参考程序如图 8-5 所示。

```
TM1637 初始化 CLK 管脚 # A5 DIO 管脚 # A4
声明 全局变量 halfsecond 为 整数 并赋值 0
声明 全局变量 second 为 整数 并赋值 0
声明 全局变量 minute 为 整数 并赋值 0
声明 全局变量 hour 为 整数 并赋值 12
声明 全局变量 ClockPoint 为 整数 并赋值 0
延时 毫秒 500
halfsecond 赋值为 halfsecond + 1
如果 halfsecond = 2
执行 second 赋值为 second + 1
    如果 second = 60
    执行 minute 赋值为 minute + 1
        如果 minute = 60
        执行 hour 赋值为 hour + 1
            如果 hour = 24
            执行 hour 赋值为 0
        minute 赋值为 0
    second 赋值为 0
halfsecond 赋值为 0
ClockPoint 赋值为 非 ClockPoint
如果 ClockPoint = 1
执行 四位数码管 TM1637显示时间 hour 时 minute 分 时钟点 设为 开
否则 四位数码管 TM1637显示时间 hour 时 minute 分 时钟点 设为 关
```

图8-5 数码管时钟的参考程序

首先完成初始化设置，定义变量halfsecond、second、minute、hour，用来存储时间，并且这些变量为模拟量，分别表示半秒、秒、分钟和小时，将前3个变量的值均初始化为0，将变量hour的值初始化为12。定义变量ClockPoint，它是数字量，用来存储小时和分钟数字之间的时钟点点亮或者熄灭的状态。

其次完成计时，每次开始主循环前，延时500ms，也就是0.5s，然后用4个“如果××执行××”积木，实现每经过两次0.5s（halfsecond=2），则变量second的值加1；每经过60s（second=60），则变量minute的值加1；每经过60min（minute=60），则变量hour的值加1；而变量hour的值每增加到24，则又从0开始。这样就能实现简单的内部时钟控制。

最后将时间实时显示到数码管模块上。时钟精确到分钟，也就是数码管上有4位数，前两位数显示小时，后两位数显示分钟，例如时间为13点24分，那么前两位数就是13，后两位数就是24。另外，我们要使小时和分钟数字之间的时钟点每秒闪烁一次，也就是每秒半秒熄灭，另外半秒点亮，这个比较简单，因为控制时钟点的循环每半秒一次，所以只需要在每个循环里改变一次ClockPoint的值，然后根据ClockPoint的值点亮或熄灭数码管模块的时钟点。

程序8-1是自动生成的代码，从中可以看到，如果在Arduino IDE中控制这款4位数码管，需要预先安装库函数SevenSegmentTM1637.h和

SevenSegmentExtended.h，大家可以从相关网站下载这个库函数。下面，我们对该程序进行分析。

首先，在程序中需要使用#include <SevenSegmentTM1637.h>和#include <SevenSegmentExtended.h>把数码管的有关库函数导入，然后定义和时间、显示有关的变量，大家可以从变量名称中找出与图形化程序的对应关系，setup()函数里对各个变量和数码管模块进行了初始化设置。

在图形化程序中，我们在主循环开始处加入了一个500ms的延时函数，对应的代码是delay(500)。接着嵌套了4个if ()函数，来计算当前的时间，从而获得变量hour和变量minute对应的值，也就是当前的时间。

最后，计算变量hour和变量minute的值，然后将数字显示到数码管的相应位置。

程序8-1

```
#include<SevenSegmentTM1637.h>
#include<SevenSegmentExtended.h>
SevenSegmentExtended display(A5,A4);
volatile int halfsecond;
volatile int second;
volatile int mintue;
volatile int hour;
volatile int ClockPoint;
void setup(){
  display.begin();
  halfsecond=0;
  second=0;
  mintue=0;
  hour=12;
  ClockPoint=0;
}
void loop(){
  delay(500);
    halfsecond=halfsecond+1;
    if(halfsecond==2){
      second=second+1;
      if(second==60){
        mintue=mintue+1;
        if(minute==60){
          hour=hour+1;
          if(hour==24){
            hour=0;
          }
```

```
            minute=0;
        }
        second=0;
      }
      halfsecond=0;
    }
    ClockPoint=!ClockPoint;
    if(ClockPoint==1){
      display.printTime(hour,minute,ture);
    }else{
      display.printTime(hour,minute,false);
    }
}
```

任务与实现

完成了上面的任务，大家应该学会了数码管模块的编程方法，那么在接下来的任务中，我们就要用数码管模块制作一款对战神器。

1. 任务描述

对战神器是一款测试手速和反应速度的设备，设备上包含了两个按钮、两个全彩LED模块（只使用其中一种颜色）和一个数码管模块。使用时，从两边选手都按下按钮开始倒计时，倒计时结束后，先按下按钮的一方为获胜者，获胜者对应的LED会点亮，同时，数码管模块会显示从倒计时结束到第一个按钮被按下的时间。

2. 准备工作

制作对战神器需要的材料如表8-2所示。

表8-2 制作对战神器所需材料

序号	名称	数量
1	Arduino二合一主控板	1块
2	全彩LED模块	2个
3	全彩LED模块连接线	6根
4	数码管模块	1个
5	I^2C连接线	1根
6	椴木板	1个
7	M3×8mm双通六角铜柱	3颗
8	M3×6mm内六角螺栓	14颗

续表

序号	名称	数量
9	M3 × 50mm 双通六角尼龙柱	4 颗
10	M3 螺母	8 颗
11	M2 × 12mm 螺钉	4 颗
12	M2 螺母	4 颗
13	USB 线	1 根
14	红色按钮模块	2 个
15	按钮模块连接线	2 根

3. 动手制作

对战神器的激光切割图纸如图 8-6 所示。

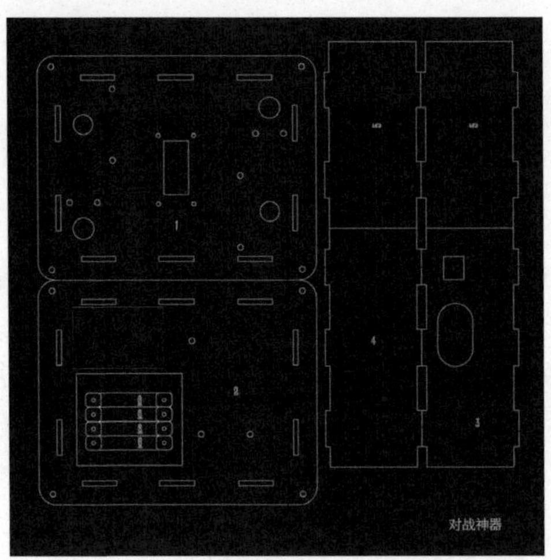

图 8-6　对战神器的激光切割图纸

（1）根据激光切割图纸切割椴木板，得到结构件，拿出 2 号板、Arduino 二合一主控板、6 颗 M3 × 6mm 内六角螺栓、3 颗 M3 × 8mm 双通六角铜柱，按照图 8-7 进行安装。

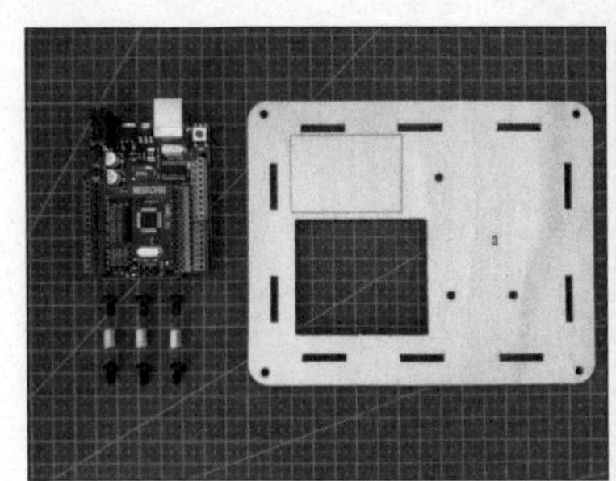
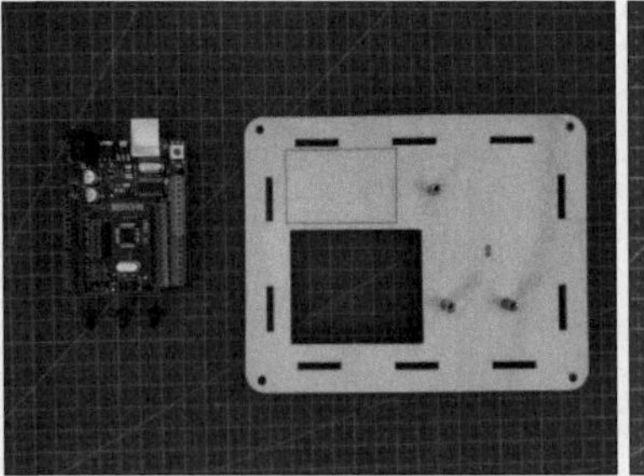
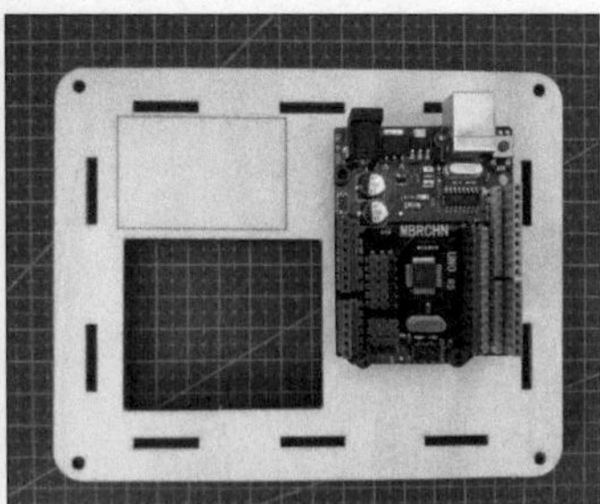

图 8-7　对战神器安装步骤 1

（2）拿出1个1号板、8个6号板、2个红色按钮模块、2个全彩LED模块、1个数码管模块、8颗M3×6mm内六角螺栓、8颗M3螺母、4个M2×12mm螺钉、4个M2螺母、6根全彩LED模块连接线、2根按钮模块连接线、1根I²C连接线，按照图8-8进行安装。

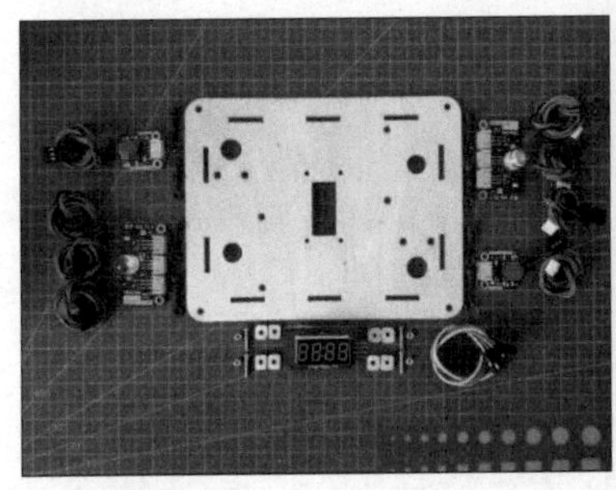
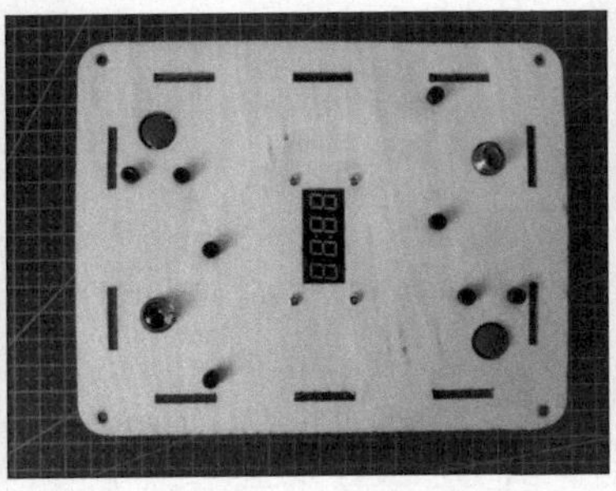

图8-8　对战神器安装步骤2

（3）将红色按钮模块连接到D2、D3引脚，将一个全彩LED模块的红色灯连接到D4引脚，将另一个全彩LED模块的绿色灯连接到D5引脚，最后将数码管模块连接到I²C的接口，然后按照图8-9安装其他部分。

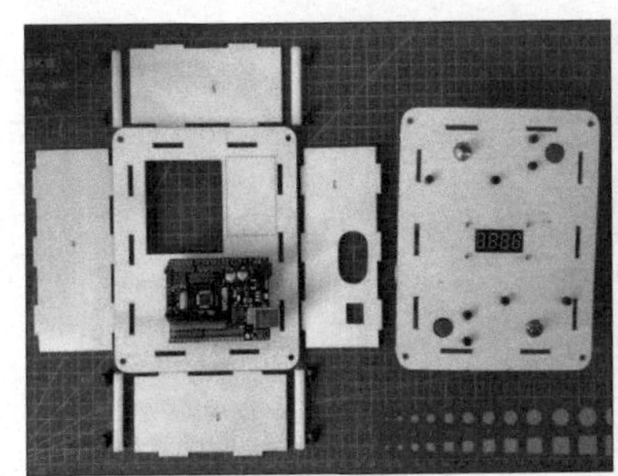
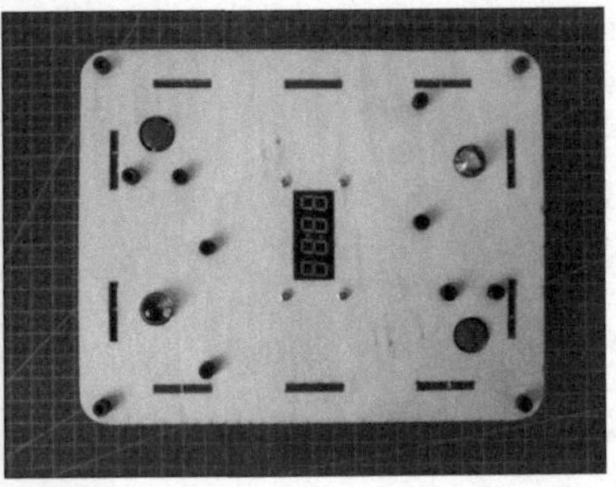

图8-9　对战神器安装步骤3

4. 程序设计

在开始编程之前，我们一起来学习一下子程序的概念。大家想一想，如果一个程序中有很多地方需要一段固定的程序，在编写时会很麻烦，而且程序也会显得很冗长。有没有好办法来优化这个问题呢？当然有，我们可以使用子程序。在编程时，给需要重复编写的程序取一个容易记住且有特定含义的名字，使其成为一个能完成特定功能的程序。在需要用到这段程序的地方，只需要用其名字代替就可以了，这就是子程序的概念。

图8-10所示就是Mixly里的定义子程序积木，在“控制”类别中可以找到它。在主程序里需要使用这段程序的地方，只需要加入“执行procedure”积木即可完成相应的功能。

图8-10　定义子程序积木

图8-11所示积木表示“do……while”，这是一个条件循环积木，在“满足条件”后方加入需要判断的条件，条件满足时，就执行“执行”后的命令，程序执行后会再次判断“满足条件”后方的条件，如此循环，直到“满足条件”后方的条件为假（也就是不满足预设的条件）时，循环结束。

图8-11 “执行 × × 重复 满足条件 × ×”积木

对战神器的参考程序如图8-12所示。

从参考程序中可以看到，我们先定义了一段子程序，这段子程序的作用是将毫秒分解出千、百、十及个位数后，将其分别显示在数码管上。

在主程序里，我们定义了变量time来存放时间计数值，并对数码管模块进行了初始化设置。变量time的初始值为3，用来产生3s的倒计时。因为我们是以两个按钮都被按下为起始的，所以在主循环里，首先判断两个按钮是否都被按下了，如果都被按下了，则熄灭两个LED，然后开始倒计时。

这里我们使用一个条件循环积木，条件是变量time的值大于0，而执行的程序则是每次延时1000ms，然后将变量time的值减1，同时调用子程序，将变量time的值显示到数码管上，这样在数码管上就会显示倒计时。等变量time的值减到0，则说明经过了3s。

程序8-2为对应生成的代码。我们注意到在loop()函数外有一段以display开头的代码，该代码对应的就是图形化程序中的子程序。

程序中用到了do……while语句，while后括号内的内容就是需要判断的条件，当条件成立时，就会执行do后面的内容。我们可以看到，需要判断的条件是time > 0，而执行的内容是每过1000ms将变量time的值减1，变量time的初始值是3，那么要使变量time的值减小到0，就需要3000ms，也就是3s。

最后，执行do……while完毕后（倒计时结束），进入for循环，一方面进行计时，另一方面判断按钮是否被按下，若按钮被按下，则相应的灯亮起，整个程序运行结束。

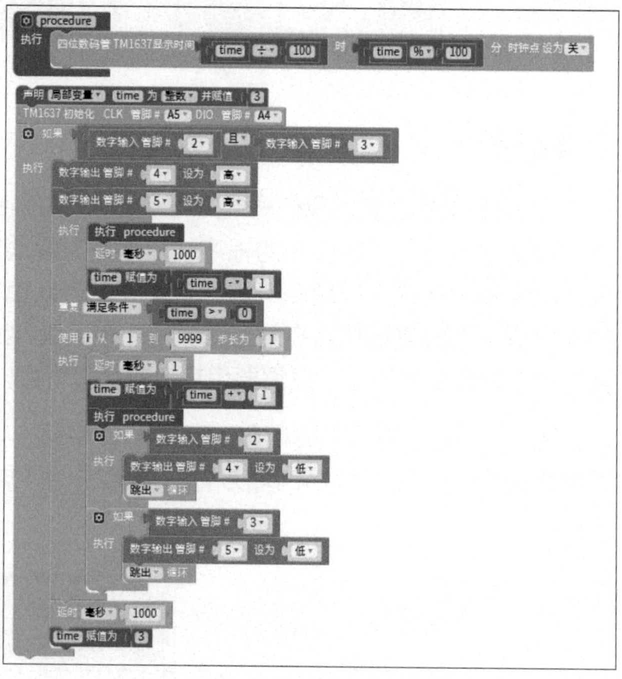

图8-12 对战神器的参考程序

程序8-2

```
#include <SevenSegmentExtended.h>
#include <SevenSegmentTM1637. h>
SevenSegmentTM1637 display(A5, A4);
void procedure() {
  display .printTime((time 1 100),((long) (time) % (long) (100)),false);
}
void setup(){
  display. begin();
  pinMode(2, INPUT);
  pinMode(3, INPUT);
  pinMode(4, OUTPUT);
  pinMode(5, OUTPUT);
}
void loop(){
int time=3;
if (digitalRead(2) & digitalRead(3)) {
  digitalWrite(4,HIGH);
  digitalWrite(5,HIGH);
  do{
    procedure();
    delay(1000);
    time=time-1
  }while((time > 0));
  for(inti=1;i<=9999;i=i+(1)){
      delay(1);
      time=time + 1;
      procedure() ;
      if (digitalRead(2)) {
        digitalWrite(4, LOW);
        break;
      }
      if (digitalRead(3)) {
        digitalWrite(5, LON);
        break;
      }
    }
    delay(1000);
    time = 3;
  }
}
```

5. 成果展示

对战神器的最终成品如图8-13所示。

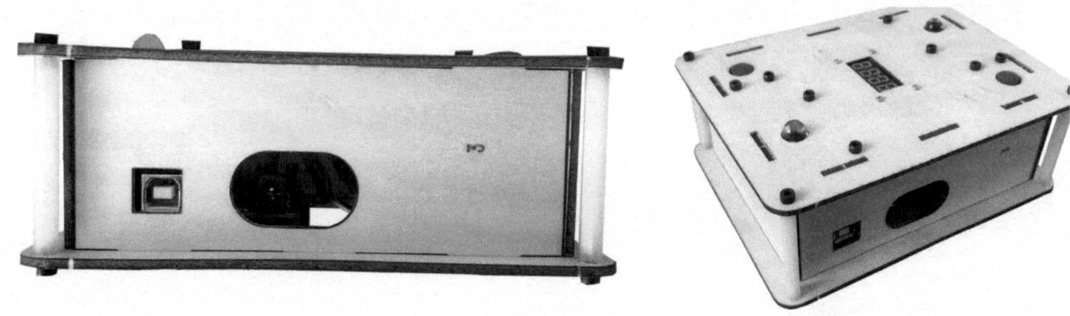

图8-13　对战神器的最终成品

拓展与思考

数码管的应用很广泛，比如很多空调就是用数码管来显示温度的，大家再想一想，还能在哪些地方找到数码管的身影？

在发明出数码管之前，使用比较广泛的显示器件是辉光管（见图8-14），它是一种利用气体辉光发光的离子管，原理是低压气体中显示辉光的气体放电现象。在置有板状电极的玻璃管内充入低压惰性气体，两极间电压较高（约1000V）时，稀薄气体中的残余正离子在电场中加速，有足够的动能轰击阴极，产生二次电子，经簇射产生更多的带电粒子，使气体导电。辉光放电的特征是电流强度较小（几毫安），温度不高，故管内有特殊的亮区和暗区，呈现出瑰丽的发光现象。因为它看起来很酷，所以还被应用在一些工艺品或者其他特定的场景中。

图8-14　辉光管

创新与延伸

在学校上课时，开课40min后会响起下课铃声，提醒同学们课间休息的时间到了。在家写作业时，我们经常会忽略时间，有时持续学习了一两个小时还没有休息，长期下来，我们的眼睛会疲劳。一个计时器可以很好地帮助我们解决这个问题。

1. 创新设计

请在下面写出你的设计思路并画出设计草图。

2. 案例分享

图8-15所示的计时器主要通过按钮来控制，用按钮来调整倒计时时长。我们可以根据需要设置不同的时长。

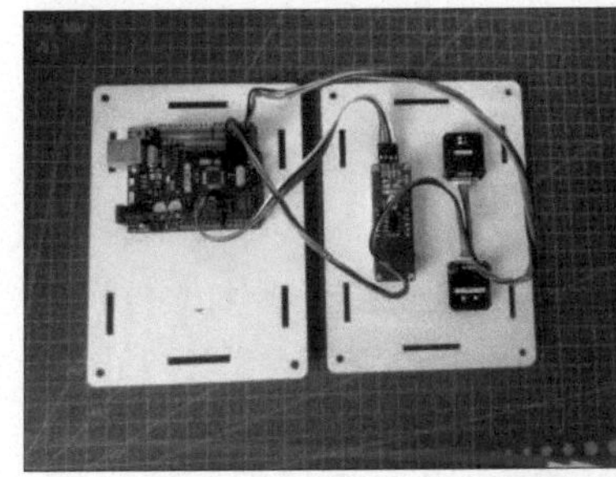
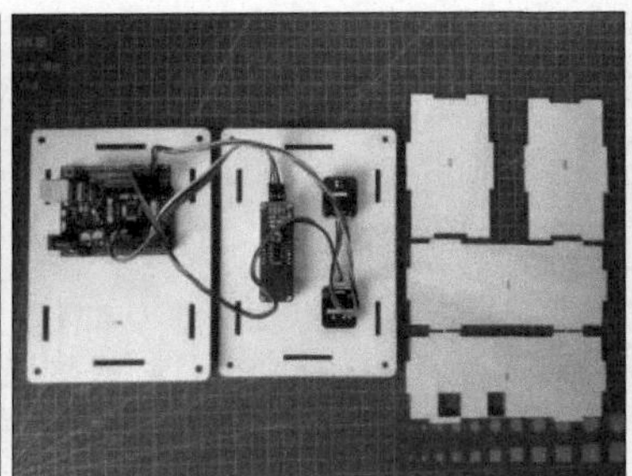
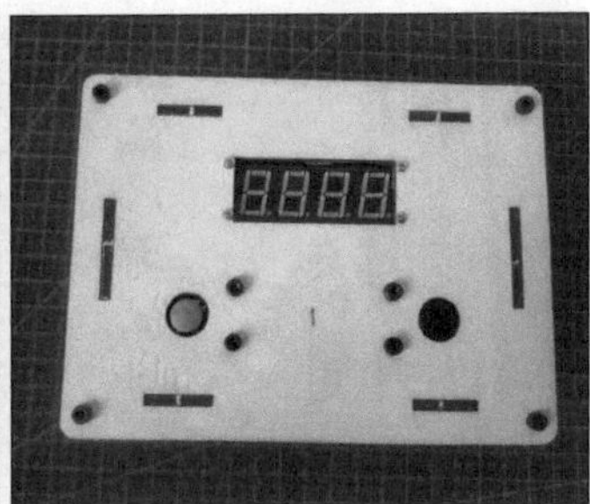

图8-15　计时器的制作过程和最终成品

计时器的参考程序如图8-16所示。首先初始化数码管模块，然后定义几个变量，变量Mode用来显示选择的倒计时时长，变量State用来定义倒计时的模式，变量Start用来触发倒计时，变量Tone用来表示蜂鸣器发出声响的不同状态。

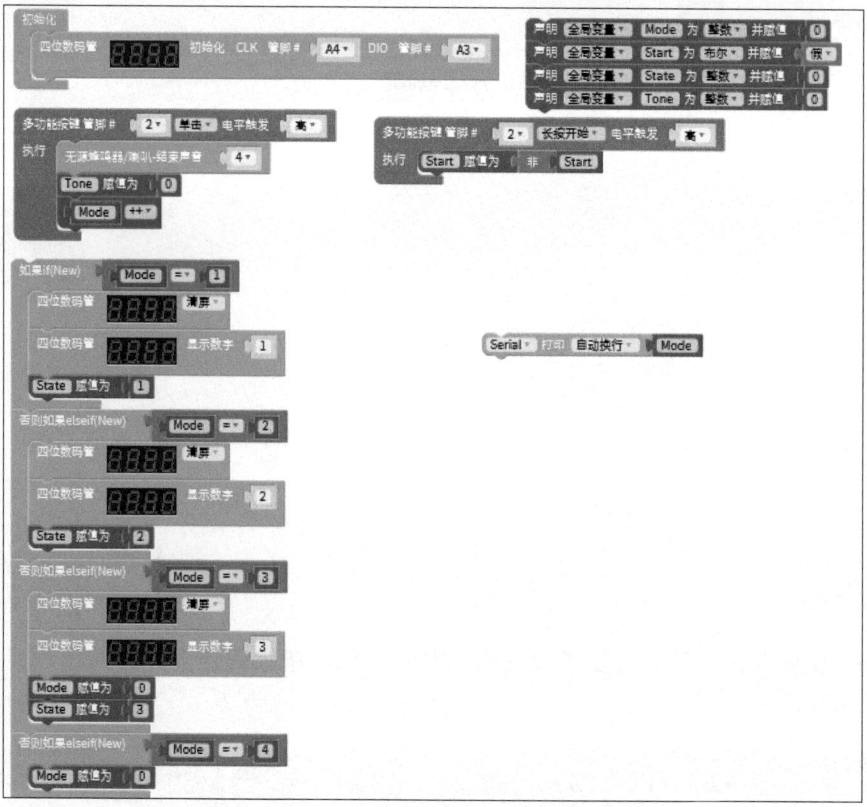

图8-16　计时器的参考程序

3. 创新应用

数码管是一个常用的显示器件，在创新作品中有很多应用。有的同学曾经使用我们学过的超声波传感器制作了一个智能测身高装置。装置采用非接触的方式先测量超声波传感器到地面的距离，然后再测量它到被测人头顶的距离，两个数值之差就是被测人的身高，最后再将数值显示在数码管上。还有的同学制作了一个可以自动计数的智能哑铃，通过哑铃上面的陀螺仪和加速度传感器检测哑铃的状态，当哑铃执行一次上举和下放后，数码管上的数值就会加1。经过一段时间的锻炼之后，我们就可以知道自己完成了多少次上举了。

第9课　遥控风扇

如果我们想看电视，只需要拿起遥控器，按下开关就可以打开电视机了。遥控给我们的生活带来了很多便捷。红外遥控器（见图9-1）是生活中常见的遥控器，空调、电视机普遍使用红外遥控器来控制。相信大家一定想了解红外遥控器的原理，并用红外遥控器来制作一个小项目。本课我们一起来制作一款遥控风扇，在制作的过程中，学习红外遥控器是如何工作的。

图9-1　遥控器

科学与知识

1. 红外遥控器的工作原理

在前面的学习中，大家了解了机器之间的通信主要通过二进制完成，红外遥控器也不例外，它发出的信号就是一连串代表特殊含义的二进制码。

那么这些二进制码是如何发送的呢？细心的同学会发现，红外线遥控器上有一颗灯珠。在电视机上，也可以发现一颗黑色的类似灯珠的器件，遥控器上的灯珠是发射端，电视机上的灯珠是接收端。发射端发射的是肉眼看不见的红外线，当红外线照射到接收端时，接收端相应的电路就会导通，引起电平的变化。这样，发射端就可以控制接收端电路的导通和不导通两种状态，也就是电平的高/低状态，这样就可以把二进制码发送出去。

2. 直流电机的控制方式

直流电机是将电能转换成机械能的装置，在很多机器人上可以找到直流电机。电能可以转换成磁能，直流电机就是用电能转换成磁能，然后再通过磁场间的作用转动的。

直流电机有两根导线，两根导线的正负极关系可以控制直流电机的旋转方向，而给导线通不同的电压，就可以控制直流电机的转速。图9-2所示是一种典型的直流电机驱

动电路，该电路看起来像字母H，所以也叫H桥驱动电路。M代表电机，从M上引出的两根连线，代表电机的两根导线。VT1~VT4是4个三极管，大家可以将三极管上VT所对应的横线理解为控制端，将折线理解为通电端。当给控制端通高电平时，通电端就会导通，也就是三极管另外两个电极之间就通电了；当给控制端通低电平时，通电端就会断开，正负极之间就无法通电。

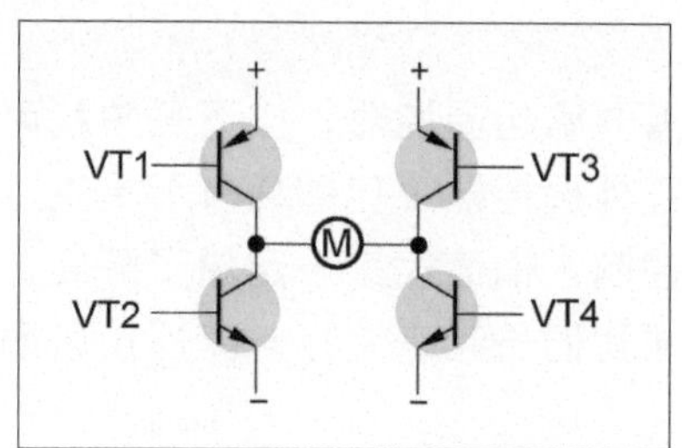

图9-2　H桥驱动电路

给VT1和VT4的控制端通高电平，给VT2和VT3的控制端通低电平，VT1和VT4就会导通，VT2和VT3就会断开，这时我们会发现电流按照图9-3所示的方向从电源的正极经过电机进入负极，这样电机就可以顺时针转动。

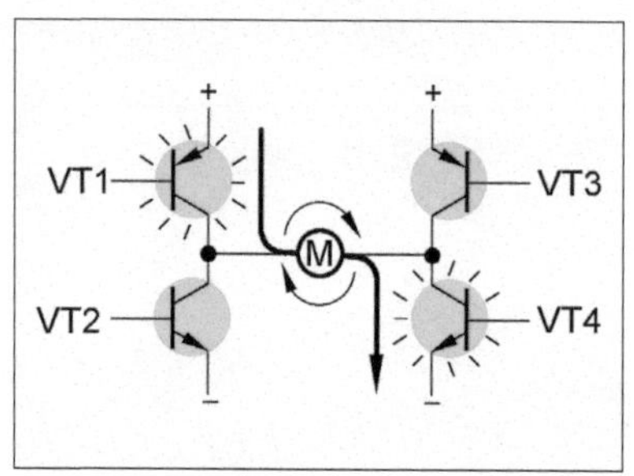

图9-3　H桥驱动电机顺时针转动

请大家根据电机正转的原理，分析一下图9-4中H桥的导通情况，看电机是不是可以逆时针转动。

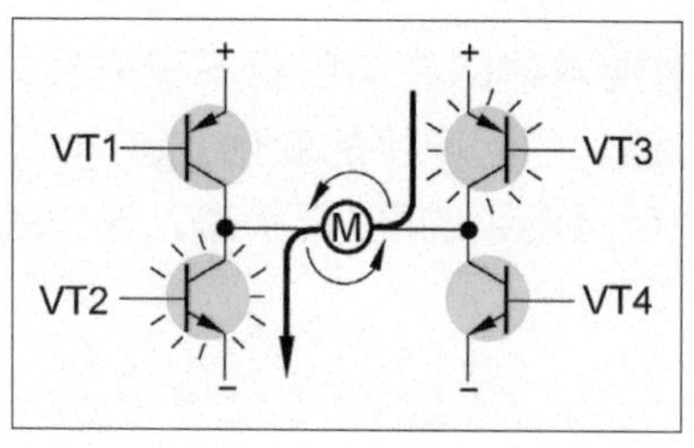

图9-4　H桥驱动电机逆时针转动

3. 模拟信号的输入

对Arduino主控板来说，模拟信号的输入就是指电压的输入，可以将要输入的模拟信号接在Arduino主控板的A0~A5引脚上。

能够提供模拟信号的元器件就是模拟元器件，电位器就是典型的模拟元器件。图9-5所示是一个电位器模块，电位器其实就是一个旋转的滑动变阻器，在滑动变阻器的两端加上电压，根据移动端的位置就可以得到对应的电压。这个电位器模块有3个引脚，分别是OUT引脚、VCC引脚和GND引脚，OUT引脚就是电压输出引脚，可以接在A0~A5的任一引脚上，VCC引脚接电源正极，GND引脚接电源负极。

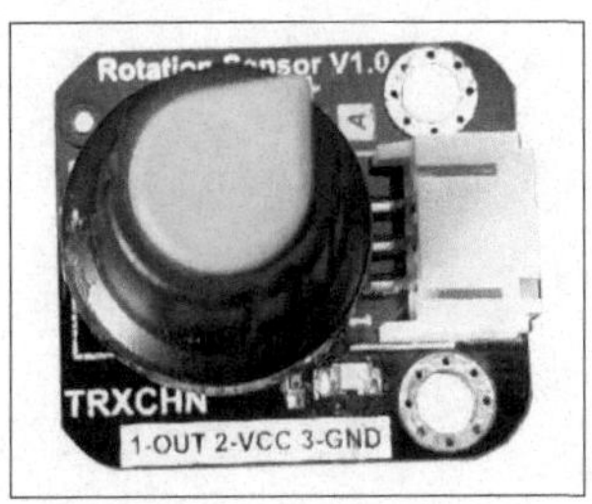

图9-5　电位器模块

技术与实践

1. 任务描述

在这个任务里，我们主要通过电位器来控制电机的转速。

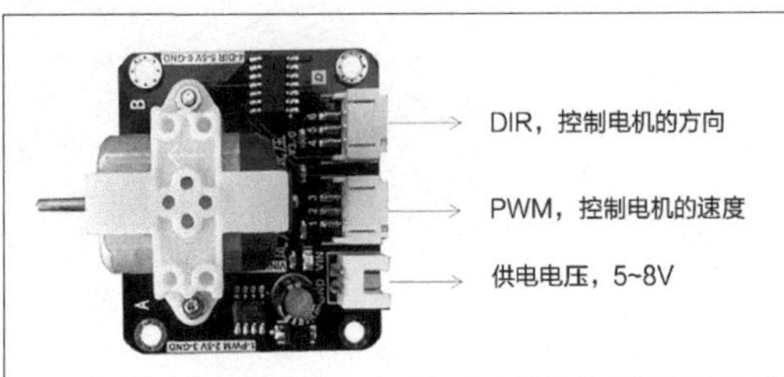

图9-6　电机驱动板

2. 准备工作

我们讲到驱动电机需要采用H桥驱动电路，并控制4个三极管的通断。在实际控制时，并不需要这么复杂，只需要使用电机驱动板。图9-6所示是电机驱动板，它的内部有一套H桥驱动电路，可以控制一个直流电机。当给DIR引脚提供低电平，给PWM引脚提供一定电平时，电机正转（顺时针转动）；当给DIR引脚提供高电平，给PWM引脚提供一定电平时，电机反转（逆时针转动）。电机的转速由PWM值的大小决定。

完成这个任务所需材料如表9-1所示。

表9-1　电机驱动实验所需材料

序号	名称	数量
1	Arduino二合一主控板	1块
2	电机驱动板	1块
3	电位器模块	1个
4	USB线	1根
5	电机驱动板电源线	1根
6	电位器模块信号线	2根
7	电机驱动板电源转换板	1块
8	DC公母头电源线	1根
9	4节电池盒	1个

3. 动手制作

如图9-7所示，将电位器模块用信号线连接至Arduino二合一主控板上的A0引脚，将电机驱动板的PWM与DIR引脚用电机驱动板信号线分别连接至主控板的D5引脚和D6引脚，将电机驱动板的电源接口用电机驱动板电源线连接到电机驱动板电源转换板，将DC公母头电源线的白色端子插到电机驱动板电源转换板上，最后将DC电源线公头插到Arduino二合一主控板的电源接口，再把4节电池盒的DC电源线公头与DC电源线母头连接。需要特别注意，电机需要的电流比较大，USB供电电流不足会影响电机转动，所以一定要先连接上电池，再连接USB进行编程。

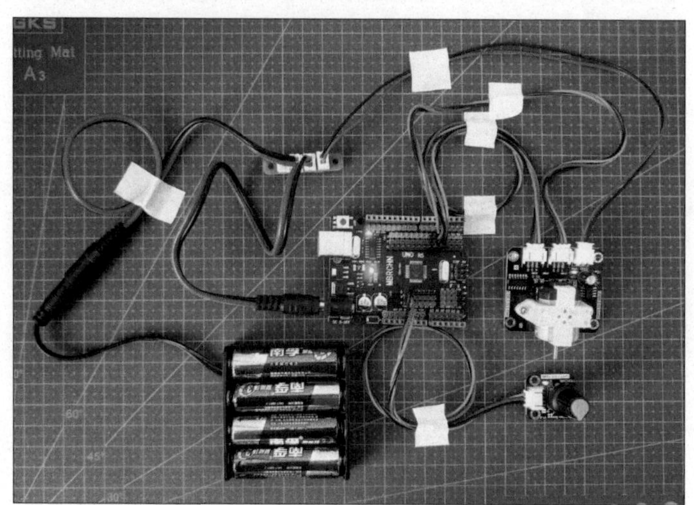

图9-7 电位器控制电机转速的连线

4. 程序设计

Mixly中实现电位器信号采集的积木是“模拟输入 管脚#××”，该积木主要配置电位器连接的引脚号，同时将读取的电位器的值传递给接收模块，读取的值的范围是0~1023，将其与0~5V进行映射。需要注意的是，这里的引脚是A0~A5，请大家与数字引脚D0~D5区分开来。

电位器控制电机转速的参考程序如图9-8所示。首先，将D5引脚和D6引脚的输出都配置为0，也就是没有电压。然后在主循环中将电位器的值从0~1023映射到0~255后直接传递给D5引脚。

```
初始化
  管脚模式 5 设为 输出
  管脚模式 6 设为 输出
  模拟输出 管脚# 5 赋值为 0
  模拟输出 管脚# 6 赋值为 0
模拟输出 管脚# 5 赋值为 映射(整数) 模拟输入 管脚# A0 从[ 0 , 1023 ]到[ 0 , 255 ]
```

图9-8 电位器控制电机转速的参考程序

程序9-1是自动生成的代码，用analogRead(A0)读取A0引脚的电压值，然后用map()函数将该电压值从0~1023映射到0~255，最后将映射后的数值通过analogWrite()函数传递给D5引脚输出电压。

程序9-1

```
void setup(){
  pinMode(5,OUTPUT);
  pinMode(6,OUTPUT);
  analogWrite(5,0);
  analogWrite(6,0);
}
void loop(){
  analogWrite(5,(map(analogRead(A0),0,1023,0,255)));
}
```

任务与实现

在上面的任务中，我们学会了如何使用电位器来控制电机的转速，接下来，我们将其与红外遥控器结合，做一款能用遥控器控制开关、用电位器调速的遥控风扇。

1. 任务描述

用遥控器来控制风扇的开关，具体操作是按“⏮”键打开风扇，按“⏭”键关闭风扇，大家快来试一试。

2. 准备工作

完成该任务需要准备的材料如表9-2所示。

图9-9所示是红外遥控套装，该套装由红外遥控器（共20个按键）和红外接收模块组成。

表9-2　制作遥控风扇所需材料

序号	名称	数量
1	Arduino 二合一主控板	1块
2	电位器模块	1个
3	电位器模块信号线	1根
4	电机与扇叶	1套
5	电机驱动板	1块
6	电机驱动板电源线	1根
7	电机驱动板信号线	2根
8	电机驱动板电源转换板	1块
9	红外遥控器	1个
10	红外接收模块	1块
11	红外接收模块信号线	1根
12	椴木板	1个
13	M3×8mm双通六角铜柱	5颗
14	M3×6mm内六角螺栓	18颗
15	M3×8mm内六角螺栓	8颗
16	M3×10mm内六角螺栓	1颗
17	M3螺母	9颗
18	M3×50mm双通六角尼龙柱	4颗
19	M2×8mm十字自攻螺栓	1颗
20	USB线	1根
21	DC公母头电源线	1根

图 9-9　红外遥控套装

红外遥控器的每个按键对应一组编码，也被称为键值，具体如表 9-3 所示。

表 9-3　按键对应的编码

按键符号	键值（十六进制表示）	按键符号	键值（十六进制表示）
⏻	0xFFA25D	MENU	0xFFE21D
TEST	0xFF22DD	↶	0xFFC23D
⏮	0xFFE01F	⏭	0xFF906F
+	0xFF02FD	−	0xFF9867
▶	0xFFA857	C	0xFFB04F
0	0xFF6897	1	0xFF30CF
2	0xFF18E7	3	0xFF7A85
4	0xFF10EF	5	0xFF38C7
6	0xFF5AA5	7	0xFF42BD
8	0xFF4AB5	9	0xFF52AD

3. 动手制作

遥控风扇的激光切割图纸如图 9-10 所示。

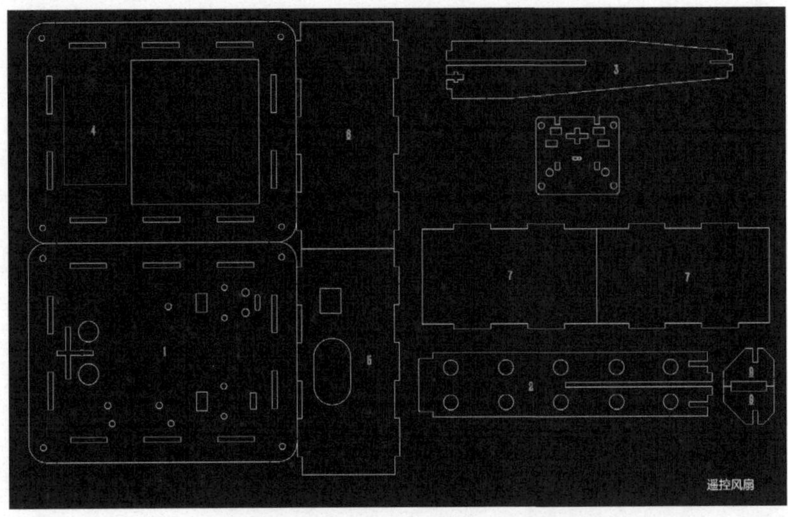

图9-10　遥控风扇的激光切割图纸

（1）根据激光切割图纸切割椴木板，得到结构件，拿出1号板、红外接收模块、电位器模块、4颗M3×8mm内六角螺栓、4颗M3螺母、1根电位器模块信号线与1根红外接收模块信号线，按照图9-11所示方式安装在各自位置上。

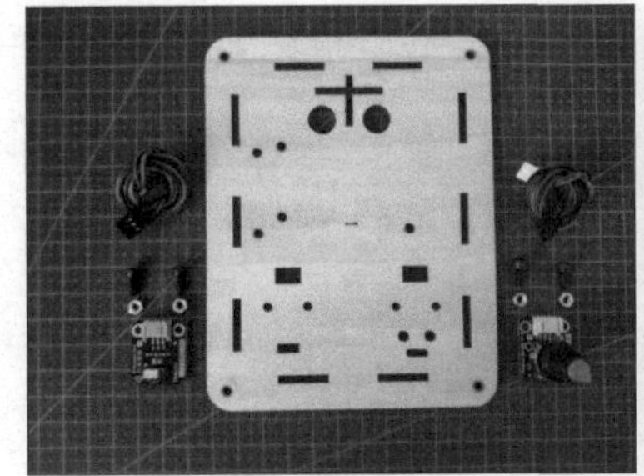

图9-11　遥控风扇安装步骤1

（2）拿出1块2号板、1块3号板、1块8号板、2块9号板、安装红外模块与电位器模块的1号板、1块电机驱动板、9颗M3×6mm内六角螺栓、5颗M3×8mm双通六角铜柱、5颗M3螺母、1颗M3×10mm内六角螺栓、1颗M2×8mm十字自攻螺栓、2根电机驱动板信号线、1根电机驱动板电源线、1套电机与扇叶，按照图9-12所示方式安装在指定位置。

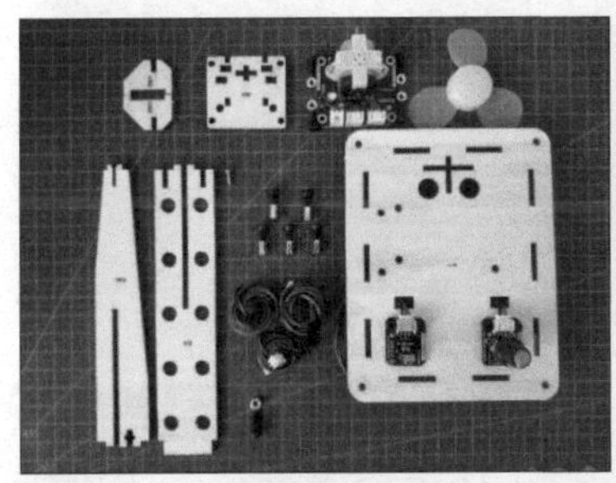
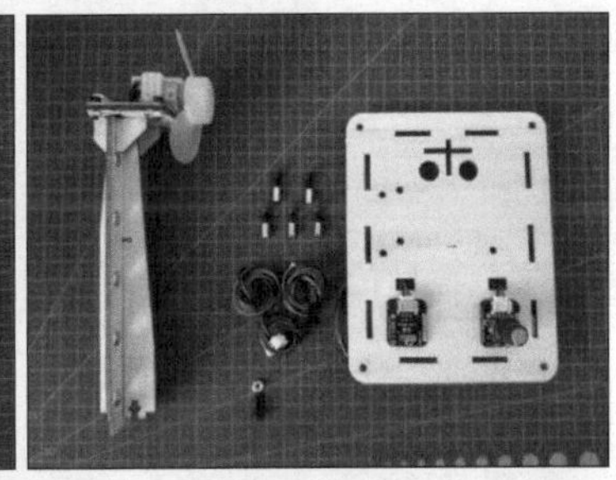
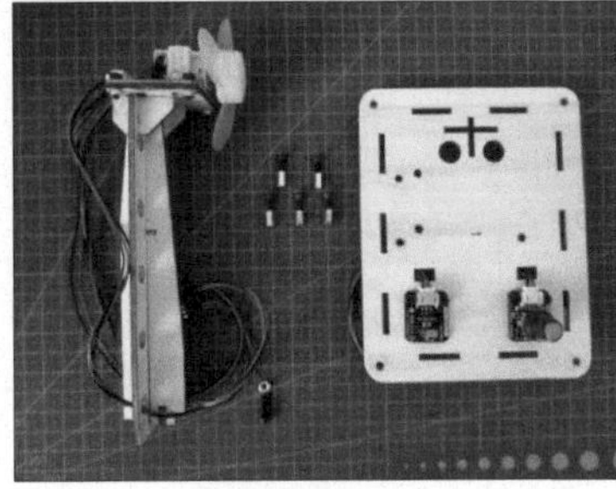
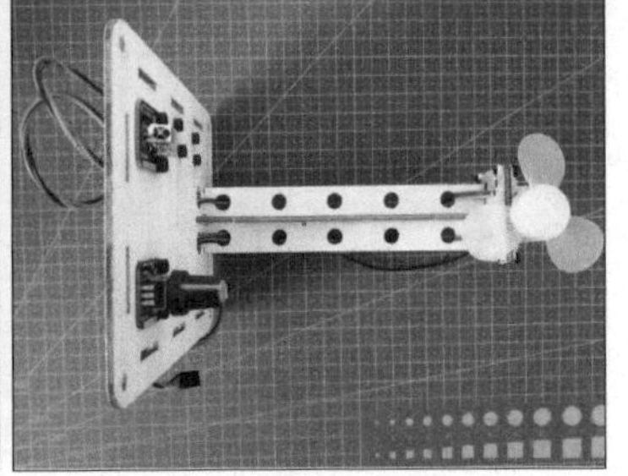

图9-12　遥控风扇安装步骤2

（3）如图9-13所示，将Arduino二合一主控板与电机驱动板电源转换板固定，电位器模块连接到主控板的A0引脚，红外接收模块连接到主控板的D9引脚，电机驱动板的DIR引脚连接到主控板的D6引脚，PWM引脚连接到主控板的D5引脚，电机驱动板的电源通过电机驱动板电源线与电机驱动板电源转换板连接。

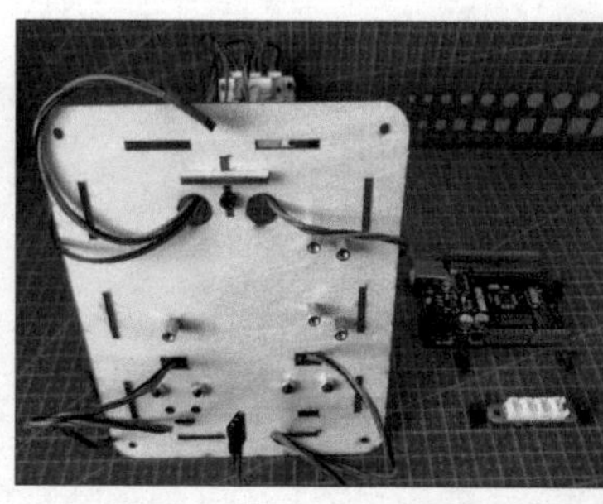

图9-13　遥控风扇安装步骤3

（4）将DC公母头电源线的白色端子连接到电机驱动板电源转换板上，DC公头连接到Arduino二合一主控板的电源接口上，再按照图9-14进行安装。

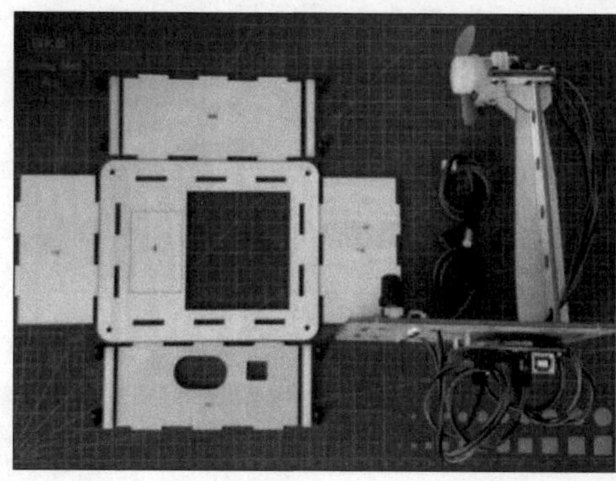
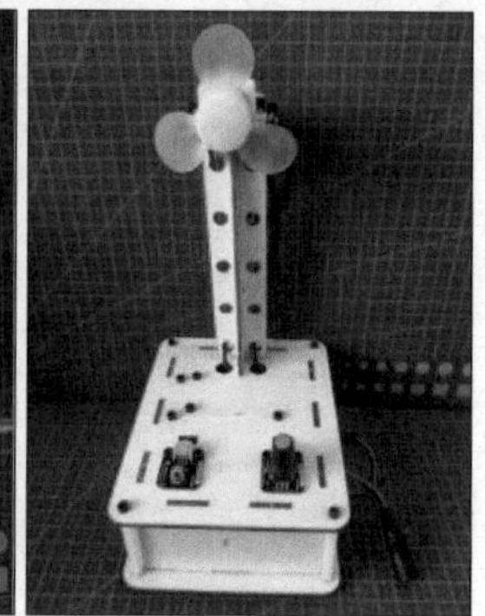

图9-14　遥控风扇安装步骤4

4. 程序设计

在使用红外遥控模块时，需要在Arduino编程环境中添加IRremote库。

我们需要让Arduino二合一主控板知道红外接收模块连接到了哪个引脚，图9-15所示积木用来设置红外接收模块连接的数字引脚，我们用的是D9引脚，所以在程序中填入9。

图9-15　设置红外接收模块连接引脚的积木

这里我们还要学习字符数组的概念，所谓字符数组，可以理解为一组瓶子，每个瓶子只能装一个字符，给每个瓶子定义一个不同的编号，然后把这组瓶子归为一组，并给这个组取一个名字，这就是一组字符，也叫字符数组。例如A、B、C、D是4个字符，我们定义1号瓶子装A，2号瓶子装B，3号瓶子装C，4号瓶子装D，并把这一组瓶子命名为letter，那么我们就可以叫它为letter字符数组。

遥控风扇的参考程序如图9-16所示。

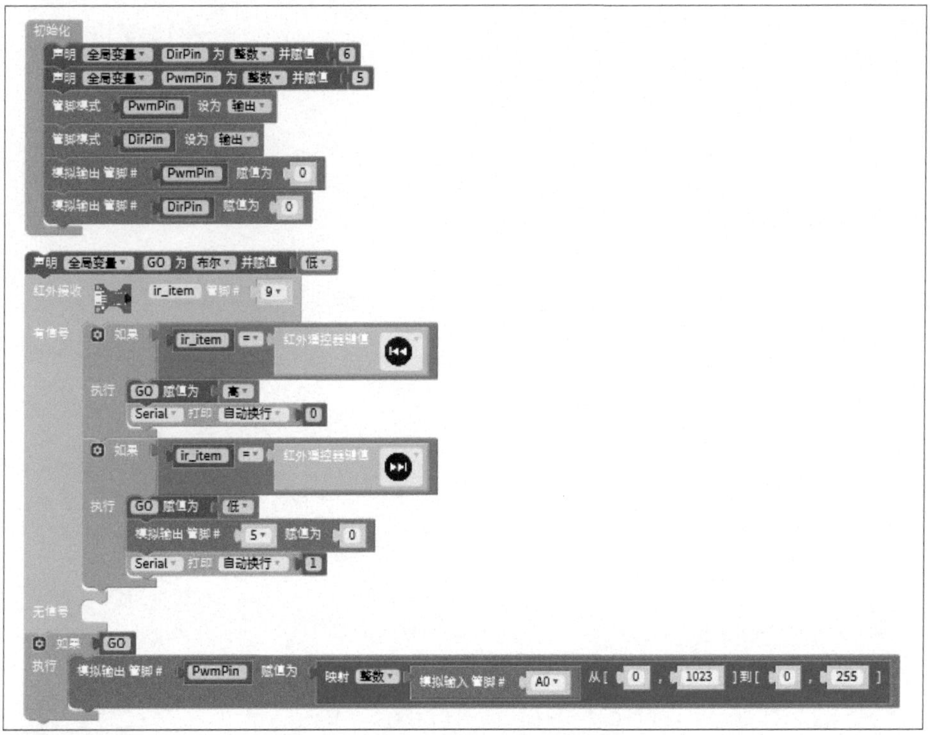

图9-16　遥控风扇的参考程序

首先，初始化D5引脚和D6引脚的值，并定义数字变量GO，用来判断风扇是开还是关，我们设置红外接收模块连接的引脚为D9引脚。

其次，使用  积木来接收红外数据，并把数据放在长整型变量ir_item中。

再次，判断接收到的字符变量是不是空值，即是不是有红外信号发过来，如果为非空值，就再判断接收到的信号是不是等于0xFFE01F，如果是，说明要打开风扇，就将数字变量GO的值设置为高；如果等于0xFF906F，则说明要关闭风扇，于是将数字变量GO的值设置为低。

最后，判断数字变量GO的值是不是高，如果是高，则说明风扇是打开状态，那么就将读取到的电位器的值映射到0~255后赋值给D5引脚，驱动风扇转动。

程序9-2是自动生成的代码。

程序9-2

```
#include <IRremote.h>
volatile int Dirpin;
volatile int PwmPin;
volatile boolean GO;
long ir_item;
IRrecv irrecv_9(9);
decode_results results_9;
void setup(){
  DirPin = 6;
  PwmPin = 5;
  pinMode(PwmPin,OUTPUT);
  pinMode(DirPin,OUTPUT);
  analogWrite(PwmPin,0);
  analogwrite(DirPin,0);
  GO = LOW;
  Serial .begin(9600) ;
  irrecv_9.enableIRIn();
}
void loop(){
  if (irrecv_9.decode(&results_9)) {
    ir_item=results_9.value;
    String type="UNKNOWN";
    if(results_9.decode_type>=
1&&results_9.decode_type<=13){
      type=typelist[results_9.decode_
type];
    }
    Serial.print("IR TYPE:"+type+"  ");
    if (ir_item == 0xFFE01F) {
      GO = HIGH;
      Serial.println(0);
    }
    if (ir_item == 0xFF906F) {
      GO = LOW;
      analogWrite(5,0);
      Serial.println(1);
    }
    irrecv_9.resume();
  }else {
  }
  if (GO) {
    analogWrite(PwmPin,(map(analogRead
(A0),0,1023,0,255)));
  }
}
```

程序中的IRrecv irrecv_9(9)、irrecv_9.enableIRIn()、results_9.value和红外接收有关，IRrecv irrecv_9(9)用来配置红外接收模块的引脚，irrecv_9.enableIRIn()用来使能红外接收，results_9.value用来接收红外数据，并把数据存到一个长整型变量ir_item中。

在主循环中，我们看到4个if()函数，对应图形化编程中的“如果××执行××”积木，大家可以自己学习。

5. 成果展示

遥控风扇的最终成品如图9-17所示。

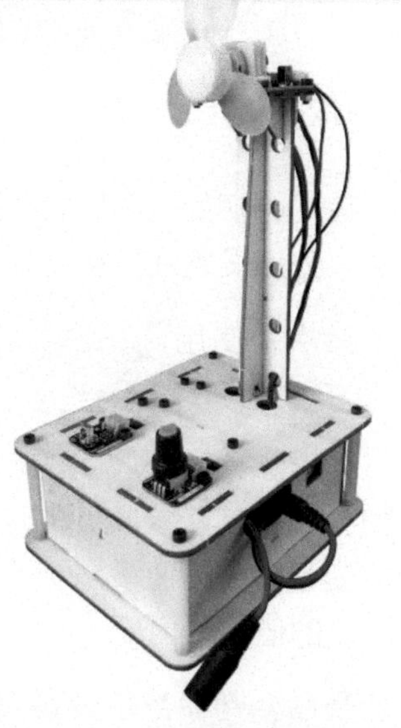

图9-17　遥控风扇的最终成品

拓展与思考

我们已经学习了如何使用电位器来控制电机的转速，大家可以尝试使用遥控器来直接控制电机的转速。

大家知道是谁第一个发明遥控器的吗？他就是大名鼎鼎的尼古拉·特斯拉。

1898年，在纽约麦迪逊广场花园举办的一次电学博览会上，尼古拉·特斯拉向公众演示了无线电遥控船模，他将遥控装置称作“远程自动机”。他通过无线电波来操作螺旋桨和灯光，成功地控制了无线电遥控船模。当时尼古拉·特斯拉并没有因此获得科技发明专利，因为在20世纪30年代前，无线电遥控还是个新鲜事物。

创新与延伸

我们在前面学习过超声波传感器。如果我们将超声波传感器与本课讲到的遥控风扇结合在一起，是否能够实现创意作品呢？给大家一个创意主题——智能降温装置，看看大家能不能发挥想象力完成这个作品。

1. 创新设计

请在下面写出你的设计思路并画出设计草图。

2. 案例分享

为大家分享一种方案，使用超声波传感器检测水杯与传感器的距离。如果距离小于设置的数值，则控制风扇转动，为水杯中的水降温。为了达到更好的降温效果，我们需要将风扇与水杯调整到合适的角度。智能降温装置的参考程序如图9-18所示。程序比较简单，通过超声波传感器完成距离检测，然后控制风扇转动。

```
初始化
  数字输出 管脚# 2 设为 低
声明 全局变量 Distance 为 整数 并赋值 0
Distance 赋值为 超声波测距(cm) Trig# A2 Echo# A3
如果if(New) Distance ≤ 10
  模拟输出 管脚# 3 赋值为 50
否则else(New) 模拟输出 管脚# 3 赋值为 0
延时 毫秒 1000
```

图9-18　智能降温装置的参考程序

智能降温装置的制作过程和最终成品如图9-19所示。我们可以根据水杯的高度来设计不同的结构件，使装置更加实用。

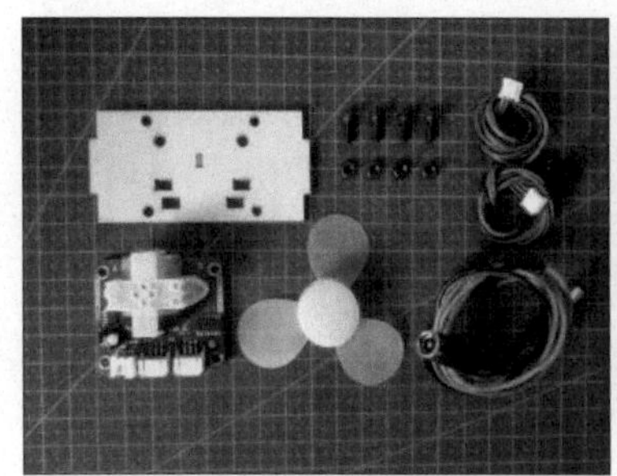 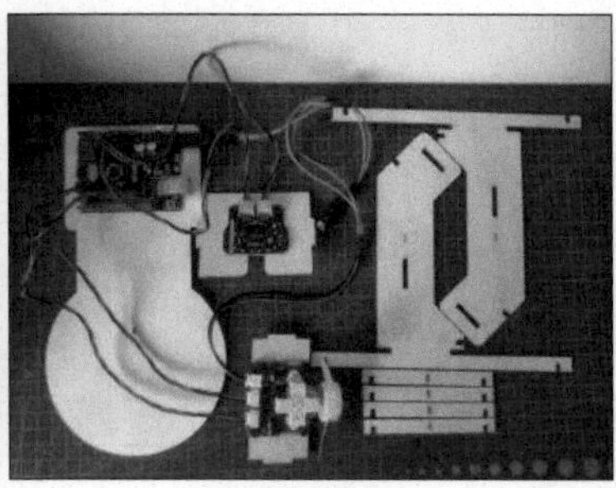 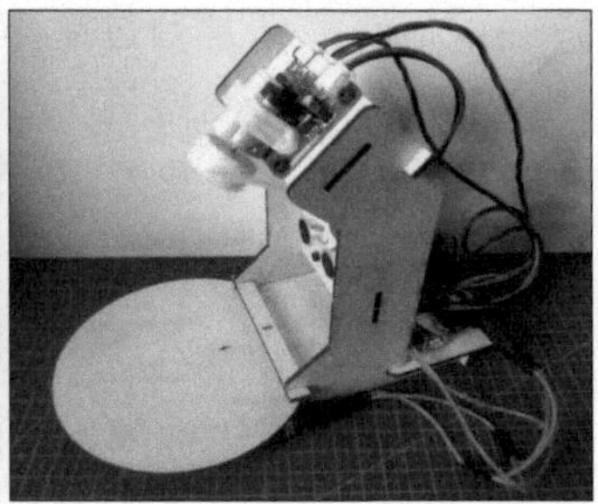

图9-19　智能降温装置的制作过程和最终成品

3. 创新应用

本课为大家介绍了红外遥控器的工作原理。除了发射端发送的红外线，太阳光中也包含红外线。红外接收二极管可以用于接收红外线，我们可以用它来检测太阳光中的红外线。有的同学利用这个原理，制作了一个追光百叶窗，如图9-20所示。这个作品能够根据太阳光入射角的变化调整百叶窗的叶片角度，叶片在舵机的带动下完成转动。在追光百叶窗中，同学们设计了一个类似“复眼”的装置，在180°的范围内安装了6个红外接收二极管来检测太阳光的入射角。

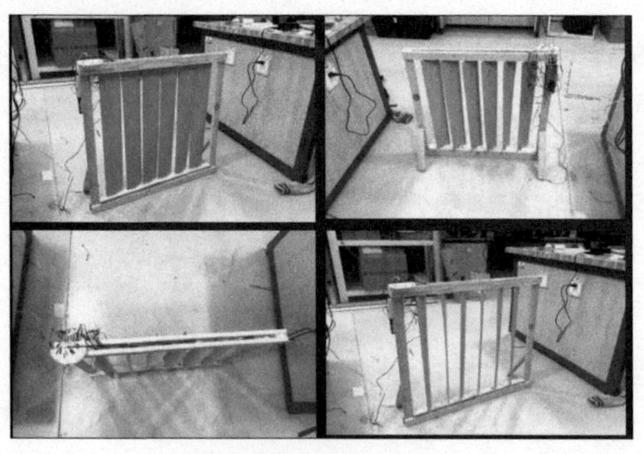

图9-20　追光百叶窗

第 10 课　会摇头的玩偶

大家对自动门（见图 10-1）一定不陌生，当我们接近门时，门会自动打开；离开门后，门会自动关闭。在一些洗手池前，当我们把手放在水龙头下面时，水会自动流出来；把手挪开，水流就会停止。在我们的生活中，还有很多这样的智能设施，它们是如何工作的呢？今天，我们就来学习相关知识，然后制作一个能够通过“耳朵”和“眼睛”检测是否有物体靠近，并且能够做出反应的玩偶。

图 10-1　自动门

科学与知识

1. 红外避障传感器

红外避障传感器（见图 10-2）也叫红外开关，用来探测一定范围内有无障碍物。它一般有 3 根线，一根电源线（红色）、一根地线（绿色），还有一根信号线（黄色），使用时将电源线接 Arduino 二合一主控板的 VCC 引脚，地线接 GND 引脚，而信号线可以接任意一个数字引脚。

图 10-2　红外避障传感器

我们在前面学习了红外遥控器的知识。其实红外避障传感器的基本原理（见图10-3）和红外遥控器的一样，它的前端有两个窗口，分别是红外线的发射口和接收口。当传感器前没有遮挡的时候，也就没有返回的红外线，信号线就保持在高电平（HIGH）。当传感器前面有障碍物遮挡时，就会有红外线被反射回接收口，信号线就会变成低电平（LOW）了。红外避障传感器的尾部有个小螺栓，可以调节检测的最远距离。

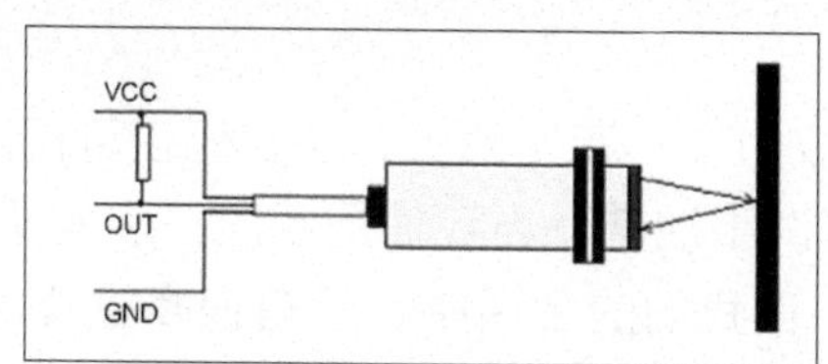

图10-3　红外避障传感器的原理

红外避障传感器是机器人常用的传感器之一，用于躲避周围障碍，或者在不需要接触的情况下检测物体的存在。我们用Arduino二合一主控板来读取信号线电平的高低，就可以知道装置前有无障碍物。

2. 超声波传感器

在第7课中，我们学习了超声波传感器的工作原理，本课我们还要用到笑脸超声波传感器（见图10-4）。从外形看，该传感器非常像人的眼睛，其实它的功能和人类的眼睛也是相似的。

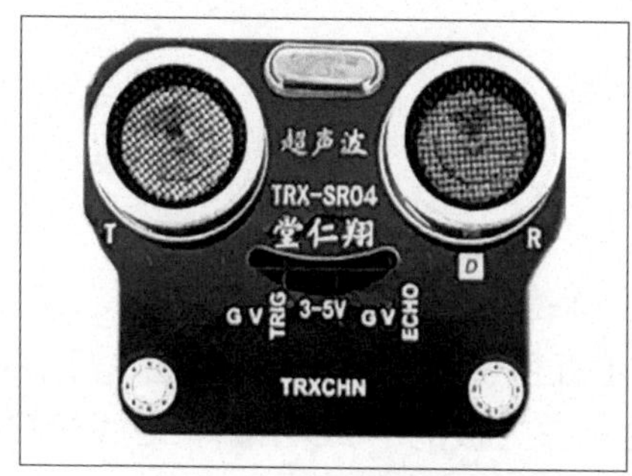

图10-4　笑脸超声波传感器

它可以检测2~400cm的距离，精度可以达到3mm，有4个引脚，分别是VCC引脚（红色），用于连接5V电源；GND（黑色）引脚，用于连接Arduino 主控板的GND引脚；TRIG（绿色）引脚为测距触发端；ECHO（蓝色）引脚为回响信号输出端。

3. 舵机

舵机（见图10-5）又叫伺服电机，是可以通过一定脉宽的PWM信号直接控制电机轴转动位置的电机。因为一般用舵机来控制航模的方向舵，所以它被俗称为舵机。大家对PWM技术应该并不陌生，在前面“闪光盒子”中已经有所介绍。

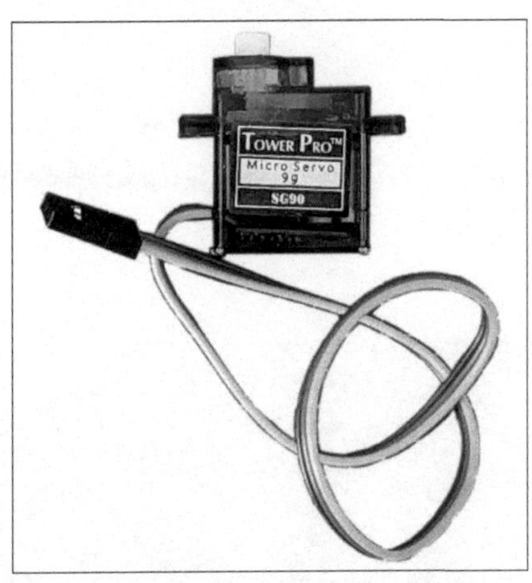

图10-5　舵机

舵机里有一套控制电路，可以将接收到的PWM的脉冲宽度转换成电机转动的角度或者角速度。舵机目前在机器人领域也有广泛的使用。标准的舵机有3根线，分别是电源线、地线和信号线，且一般红色线是电源线，棕色线是地线，黄色线是信号线。

因为使用PWM信号进行控制，所以我们需要把舵机连接到Arduino主控板上支持PWM输出的数字引脚。

技术与实践

1. 任务描述

通过超声波传感器控制舵机的位置，也就是说通过超声波传感器来检测装置与障碍物的距离，然后根据距离的不同来控制舵机转动的角度。

2. 准备工作

完成该任务需要的材料如表10-1所示。

表10-1　超声波传感器控制舵机实验所需材料

序号	名称	数量
1	Arduino二合一主控板	1块
2	USB线	1根
3	笑脸超声波传感器	1个
4	传感器连接线	2根
5	舵机	1台

3. 动手制作

按照图10-6所示的连接方式，将超声波传感器、舵机与Arduino二合一主控板连接在一起，其中，超声波传感器的TRIG和ECHO引脚连接Arduino二合一主控板的D2和D3引脚，舵机的红色线、棕色线、黄色线连接Arduino二合一主控板的VCC、GND、D9引脚。

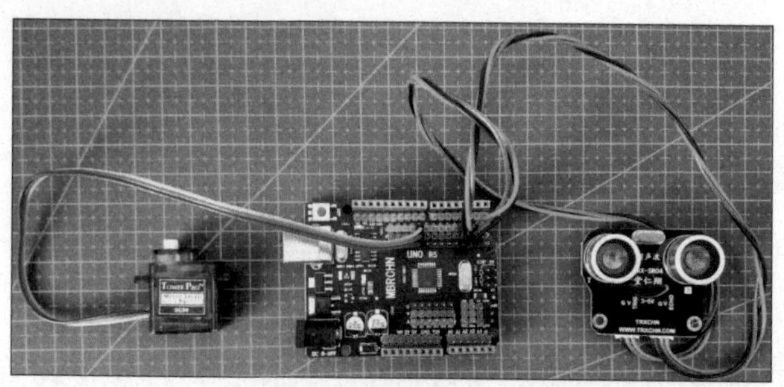

图10-6　超声波传感器控制舵机转动的连线

4. 程序设计

在Mixly中，实现超声波测距的积木是“超声波测距（cm）Trig# × × Echo# × ×”。其中，“Trig#”后跟的是TRIG引脚连接的引脚号，“Echo#”后跟的是ECHO引脚连接的引脚号。返回值是检测到的距离。

超声波传感器控制舵机转动的参考程序如图10-7所示，红框中是和舵机相关的积木，在该积木中，“管脚#”后是舵机连接的数字引脚号，“角度（0~180）”后是舵机（要旋转到的）角度值。

```
如果 180 < 超声波测距(cm) Trig# 2 Echo# 3
执行 舵机 管脚 # 9
       角度 (0~180) 180
       延时(毫秒) 0
否则 舵机 管脚 # 9
       角度 (0~180) 超声波测距(cm) Trig# 2 Echo# 3
       延时(毫秒) 0
```

图10-7　超声波传感器控制舵机转动的参考程序

在该程序中，首先读取超声波传感器测量到的距离值，然后判断该值是否大于180，如果是，那么给舵机角度值赋值为180；如果不是，则将读取到的距离值直接赋值给舵机角度值。

程序10-1是自动生成的代码，在这段代码中，我们需要重点关注以下两点。

首先，程序中使用了checkdistance_2_3()函数来读取并转化超声波传感器检测

到的距离值，返回值的单位为cm。

再者，我们看到，为了控制舵机，引入了一个名为Servo.h的头文件。实际上，这个头文件就是控制舵机的头文件，其中主要用到了attach()和write()这两个方法，attach()方法用于控制舵机的引脚，write()方法用于控制舵机角度值。

程序10-1

```
#include <Servo.h>
Servo servo_9;
float checkdistance_2_3() {
  digitalWrite(2,LOW);
  delayMicroseconds(2);
  digitalWrite(2,HIGH);
  delayMicroseconds(10) ;
  digitalWrite(2,LOW);
  float distance = pulseIn(3,HIGH) / 58.00;
  delay(10);
  return distance;
}
void setup(){
  pinMode(2,OUTPUT);
  pinMode(3,INPUT);
  Servo_9.attach(9);
}
void loop(){
  if (180 < checkdistance_2_3()) {
    servo_9.write(180);
    delay(0);
  }else{
    servo_9.write(checkdistance_2_3());
    delay(0);
  }
}
```

任务与实现

在上面的任务里，大家学会了超声波传感器和舵机的使用方法，接下来我们在此基础上增加更多传感器，实现更加复杂的功能。

1. 任务描述

我们要制作一个会摇头的玩偶，它有眼睛（超声波传感器）、耳朵（红外避障传感器），还有一顶小红帽（红色按钮模块）。当小红帽被按下时，玩偶会左右摇头两次。当

任意一只耳朵被挡住时，玩偶会朝相反方向摆头。玩偶的眼睛可以控制头摆动的幅度，眼睛看得越远（障碍物距离越远），头摇摆的幅度越大；眼睛看得越近（障碍物距离越近），头摆动的幅度也相应越小。

2. 准备工作

制作会摇头的玩偶所需的材料如表10-2所示。

表10-2　制作会摇头的玩偶所需材料

序号	名称	数量
1	Arduino 二合一主控板	1块
2	USB线	1根
3	舵机	1台
4	笑脸超声波传感器	1个
5	传感器连接线	2根
6	红外避障传感器	2个
7	红色按钮模块	1个
8	按钮模块数据线	1根
9	椴木板	1个
10	M2×12盘头螺钉	6颗
11	M2螺母	6颗
12	M2×8mm自攻螺钉	4颗
13	M3×12mm内六角螺栓	8颗
14	M3×6mm内六角螺栓	10颗
15	M3螺母	12颗
16	M3×30mm双通六角铜柱	2颗
17	M3×8mm内六角螺栓	10颗
18	M3×8mm双通六角铜柱	3颗
19	M3×14mm内六角螺栓	2颗
20	M3×50mm双通六角尼龙柱	4颗

3. 动手制作

会摇头的玩偶的激光切割图纸如图10-8所示。

（1）根据激光切割图纸切割椴木板，得到结构件，将12号板、14号板、20号板、舵机、圆形舵盘和十字舵盘，按照图10-9进行安装。

（2）将13号板、17号板、

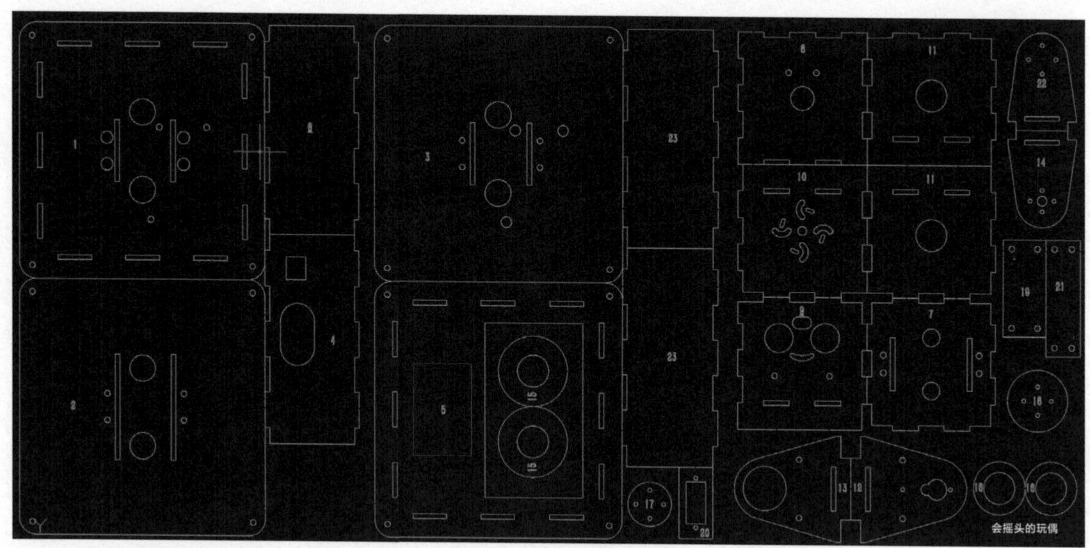

图10-8　会摇头的玩偶的激光切割图纸

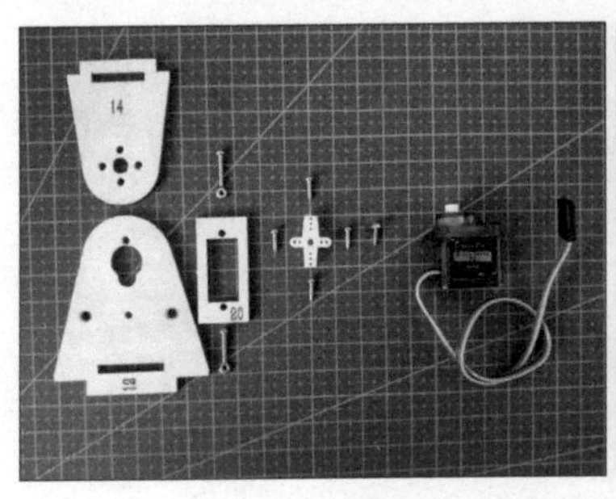
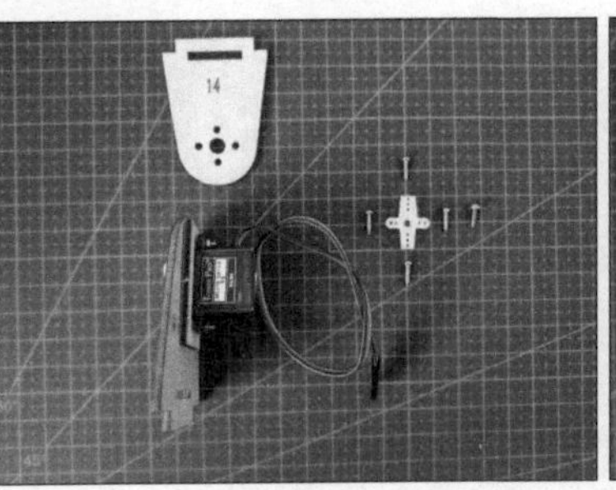
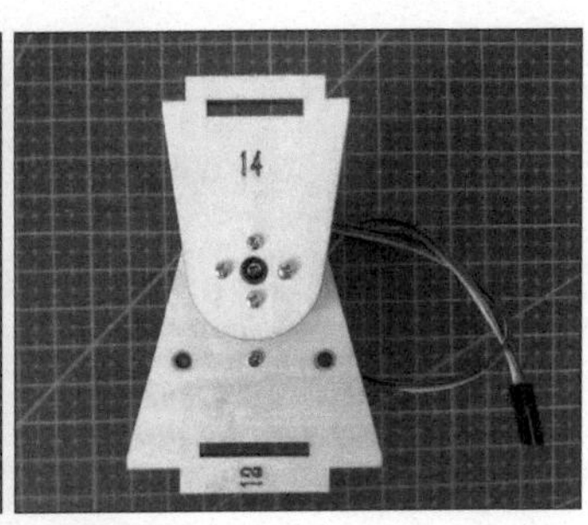

图 10-9　会摇头的玩偶安装步骤 1

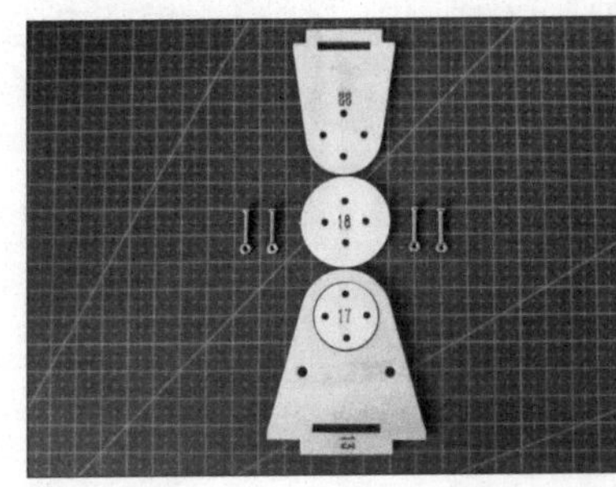
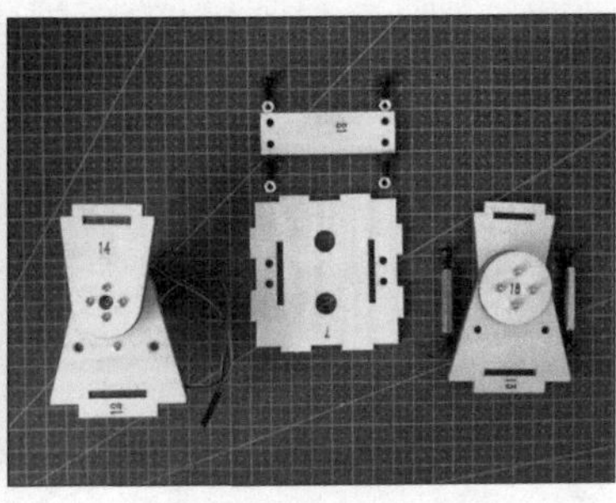

图 10-10　会摇头的玩偶安装步骤 2

18 号板、22 号板按照图 10-10 进行安装。需要注意的是，取出 17 号板后，要把上面的毛刺去除干净。其次，螺钉不要完全拧死，适当留一点空间。

（3）将 7 号板和 21 号板组装在一起。先用 21 号板将上面两步安装的部分组装在一起，并用 M3 × 30mm 双通六角铜柱固定，再按照图 10-11 安装其余部分。

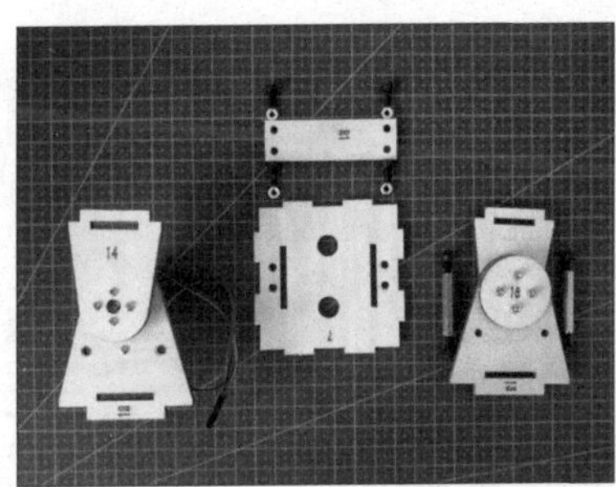
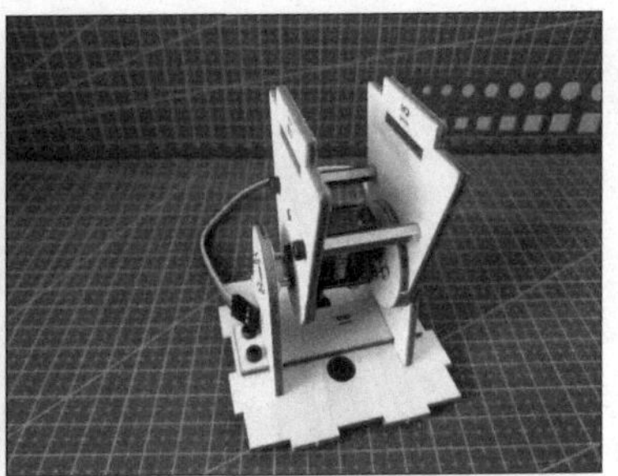

图 10-11　会摇头的玩偶安装步骤 3

（4）拿出 8 号板、9 号板、10 号板各 1 块，11 号板、15 号板、16 号板各两块，2 个红外避障传感器，1 个笑脸超声波传感器，1 个红色按钮模块，2 根传感器连接线，1 根按钮模块数据线，先将笑脸超声波传感器安装在 9 号板上，红外避障传感器安装在 11 号板上，红色按键模块用 M3 × 14mm 内六角螺栓、M3 螺母安装在 8 号板上，各个线分别从 7 号板上的两个圆孔中穿出，其余部分按照图 10-12 进行安装。

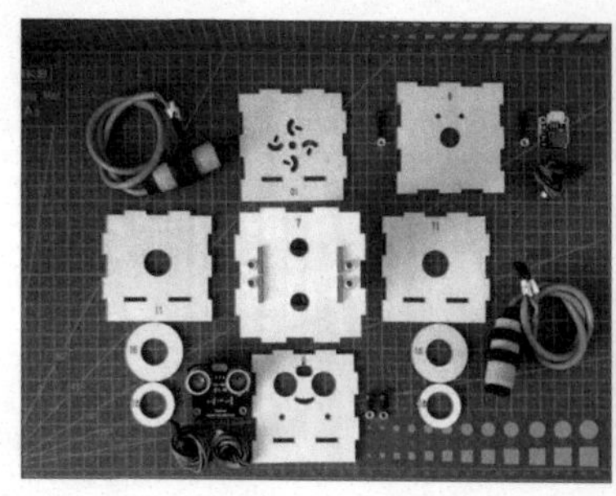
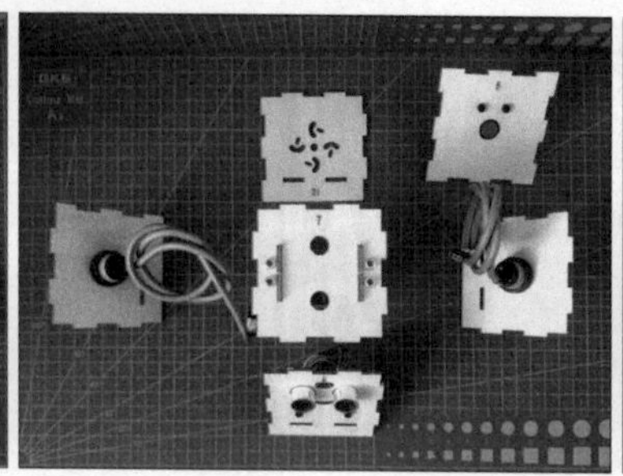

图10-12　会摇头的玩偶安装步骤4

（5）拿出2号板、3号板、18号板各1块，4颗M3×12mm内六角螺栓，4颗M3螺母，按照图10-13进行安装。

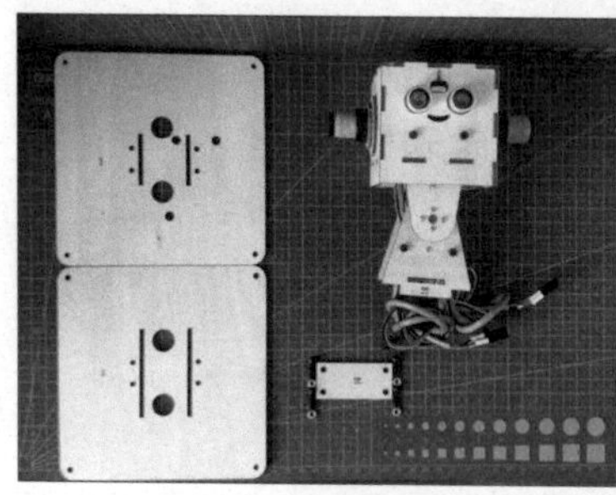

图10-13　会摇头的玩偶装配步骤5

（6）拿出1块1号板、1块Arduino二合一主控板、3颗M3×8mm双通六角铜柱、6颗M3×6mm内六角螺栓，按照图10-14进行安装。

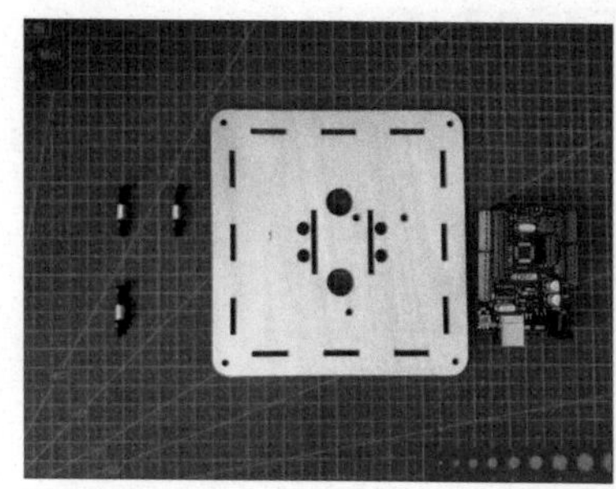
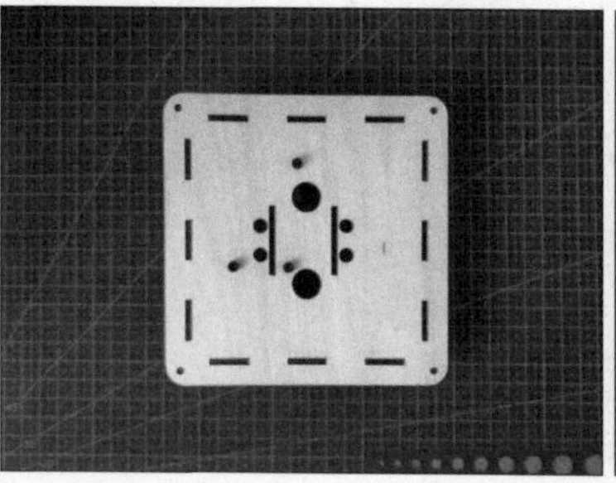

图10-14　会摇头的玩偶装配步骤6

（7）拿出4号板、5号板、26号板各1块，2块25号板，4颗M3×50mm双通六角尼龙柱，4颗M3×12mm内六角螺栓，4颗M3×6mm内六角螺栓。将左、右两边的红外避障传感器分别连接到Arduino二合一主控板的D2、D3引脚，红色按钮模块连接到主控板的D4引脚，舵机连接到主控板的D5引脚，超声波传感器分别连接到主控板的D6引脚和D7引脚，其余部分按照图10-15进行安装。

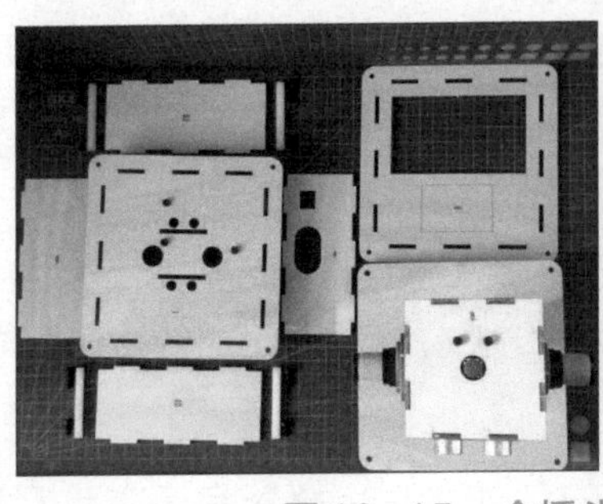

图10-15　会摇头的玩偶安装步骤7

4. 程序设计

在Mixly中，实现红外避障传感器功能的积木是“数字输入 管脚#××”，该积木用于返回红外避障传感器的检测状态。需要注意的是，红外避障传感器检测到障碍物时，返回0；没有检测到障碍物时，返回1。

会摇头的玩偶的参考程序如图10-16所示。

```
初始化
    舵机 管脚# 5
        角度(0~180) 90
        延时(毫秒) 0

声明 Angle 为 整数 并赋值 0
Angle 赋值为 超声波测距(cm) Trig# 6 Echo# 7
如果 20 < Angle
执行 Angle 赋值为 20
如果 数字输入 管脚# 4
执行 舵机 管脚# 5
        角度(0~180) 90 - Angle
        延时(毫秒) 0
     延时 毫秒 1000
     舵机 管脚# 5
        角度(0~180) 90 + Angle
        延时(毫秒) 0
     延时 毫秒 1000
     舵机 管脚# 5
        角度(0~180) 90 - Angle
        延时(毫秒) 0
     延时 毫秒 1000
     舵机 管脚# 5
        角度(0~180) 90 + Angle
        延时(毫秒) 0
     延时 毫秒 1000
     舵机 管脚# 5
        角度(0~180) 90
        延时(毫秒) 0
否则 如果 非 数字输入 管脚# 2
     执行 舵机 管脚# 5
             角度(0~180) 90 - Angle
             延时(毫秒) 0
     否则 舵机 管脚# 5
             角度(0~180) 90
             延时(毫秒) 0
          如果 非 数字输入 管脚# 3
          执行 舵机 管脚# 5
                  角度(0~180) 90 + Angle
                  延时(毫秒) 0
          否则 舵机 管脚# 5
                  角度(0~180) 90
                  延时(毫秒) 0
```

图10-16　会摇头的玩偶的参考程序

在该作品中，我们先让舵机将玩偶的头归位在中间位置，当舵机转动到90°时正好是中间位置，所以将舵机角度值设置为90。大家组装起来的玩偶应该是不一样的，可以根据实际情况进行调整。

然后，读取超声波传感器测量到的距离值，并把距离值赋值给变量Angle，该变量用来控制玩偶摇头的幅度。当然，为了防止摇头幅度过大，我们要限制变量Angle的最大值，这里我们将其限制为20。

接着，判断按键是否被按下，如果被按下，那么控制舵机以90°为中点，根据变量Angle的值来回摆动（也就是转动的角度值为90加/减变量Angle的值），摆动两次后再让舵机回到积木中点。

如果按键没有被按下，那就先判断左边的红外避障传感器有没有检测到障碍物（这里需要注意，有障碍物时，红外避障传感器程序模块返回的是0，没有障碍物时返回的是1，所以这里用“非”积木来将有障碍物时返回的0变成1，再进行判断），如果有障碍物，则舵机转动的角度值为90-变量Angle的值，也就是往右边摆头；如果没有障碍物，再判断另一边有没有障碍物。

需要注意的是，如果发现红外避障传感器在离障碍物很远时就能够被触发，这是因为感测距离调得太远了，可以通过转动尾部的一字小螺栓进行调节，逆时针转动就能够调短感测距离，使其能够被正常触发。

5. 成果展示

会摇头的玩偶的最终成品如图10-17所示。

图10-17 会摇头的玩偶的最终成品

拓展与思考

请大家思考一下，在我们身边，哪些地方用到了超声波测距呢？又有哪些地方可以用超声波进行测距呢？此外，除了超声波测距，还有哪些测距方法呢？

大家都知道，声音通过物体振动产生，每秒振动的次数就是声音的频率，单位是Hz，而我们的耳朵能听到的声音频率范围是16~20000Hz，当声音频率超过20000Hz时，我们就听不到了，这种频率的声波，我们将其称为超声波。

超声波最早是由意大利科学家拉扎罗·斯帕兰札尼在研究蝙蝠时发现的，他的发现为后来超声波的研究奠定了基础。如今，人们进一步研究后揭示了超声波的真面目，并在生活、医学、工程等各个领域应用超声波，例如常用的超声波清洗机、医学中的B超、工程上的超声探伤等。

创新与延伸

很多同学在小时候玩过一种玩具车，当它检测到前方有障碍物时会自动转向。学习了本课的知识后，相信大家能够了解其中的奥秘，那我们能不能设计一辆这样的小车呢？

1. 创新设计

请在下面写出你的设计思路并画出设计草图。

2. 案例分享

自动避障小车需要通过超声波传感器检测小车与障碍物间的距离，在程序的控制下完成转向。转向前可以让小车先后退一段距离，保证小车在转向过程中不会碰到障碍物。

自动避障小车的参考程序如图 10-18 所示。程序中用到了子程序，将小车的基本动作做成模块。这样在编写主程序的时候会比较简洁。

```
初始化
  管脚模式 5 设为 输出
  管脚模式 4 设为 输出
  管脚模式 6 设为 输出
  管脚模式 7 设为 输出
  声明 全局变量 RotateState 为 整数 并赋值 0
  初始化随机数 系统运行时间 毫秒
  延时 毫秒 1000

forward
执行 数字输出 管脚# 4 设为 高
     数字输出 管脚# 7 设为 低
     模拟输出 管脚# 5 赋值为 127
     模拟输出 管脚# 6 赋值为 127

back
执行 数字输出 管脚# 4 设为 低
     数字输出 管脚# 7 设为 高
     模拟输出 管脚# 5 赋值为 127
     模拟输出 管脚# 6 赋值为 127

left
执行 数字输出 管脚# 4 设为 高
     数字输出 管脚# 7 设为 低
     模拟输出 管脚# 5 赋值为 127
     模拟输出 管脚# 6 赋值为 0

right
执行 数字输出 管脚# 4 设为 高
     数字输出 管脚# 7 设为 低
     模拟输出 管脚# 5 赋值为 0
     模拟输出 管脚# 6 赋值为 127

如果if(New) 超声波测距(cm) Trig# A3 Echo# A2 < 10
  RotateState 赋值为 随机整数 从 1 到 3
  执行 back
  延时 毫秒 500
  如果if(New) RotateState = 1
    执行 left
  否则如果elseif(New) RotateState = 2
    执行 right
  延时 毫秒 500
  RotateState 赋值为 0
否则如果elseif(New) 超声波测距(cm) Trig# A3 Echo# A2 > 10
  执行 forward
  延时 毫秒 500
```

图 10-18　自动避障小车的参考程序

自动避障小车的制作过程和最终成品如图 10-19 所示。

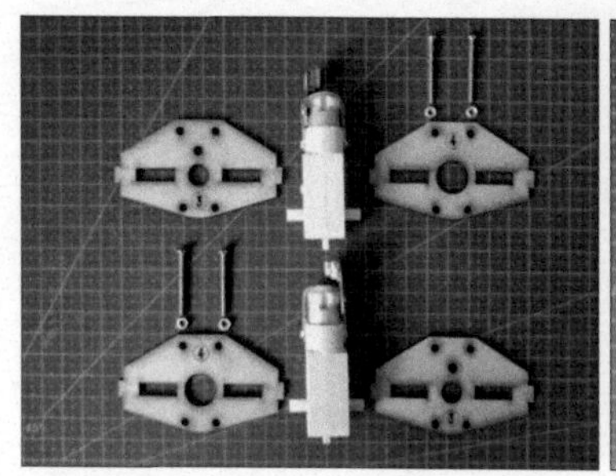
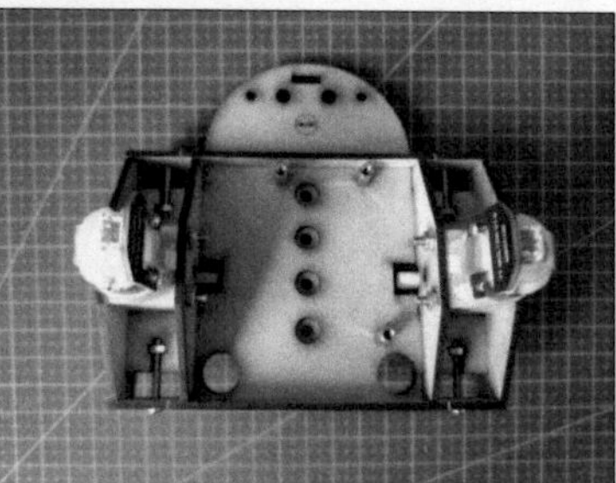

图 10-19　自动避障小车的制作过程和最终成品

这是一个采用单个超声波传感器进行避障的小车，如果想让小车有更好的避障效果，那么可以在它的两侧增加更多的超声波传感器，大家可以试试如何通过多个超声波传感器完成避障。

3. 创新应用

本课给大家介绍的两种传感器都可以感应周围是否有障碍物。有的同学用这两种传感器完成了一个基于物联网的家庭安防系统。作品中使用红外避障传感器检测是否有人经过，如果家里没有人而传感器检测到它周围有新的障碍物，那么家庭安防系统就会通过网络把信息发送到主人的手机上进行异常情况报警。

第 11 课　电子温 / 湿度计

不知道大家平时有没有关注过每天的天气情况，天气情况和我们的生活息息相关，例如养殖、化工、制造等行业，对环境的温/湿度有着严格的要求，我们可以用温/湿度计（见图 11-1）测量环境的温度和湿度，本课我们就来制作一款电子温/湿度计。

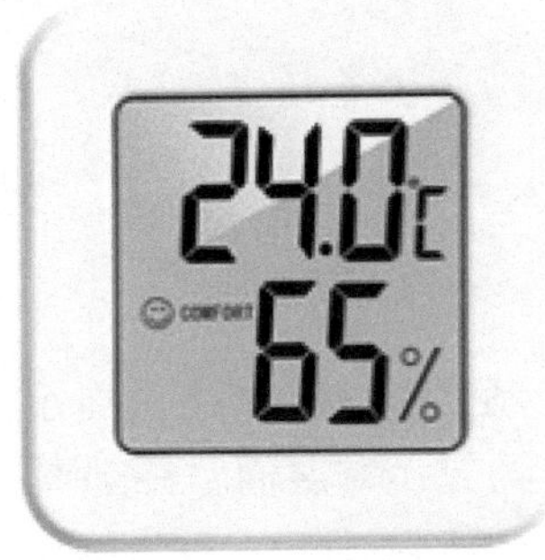

图 11-1　温/湿度计

科学与知识

1. 液晶显示屏

先给大家介绍液晶显示屏，它是采用 I²C 通信方式的 LCD 显示器。I²C 对于我们来讲应该并不陌生，在前面的学习中，我们使用的 4 位数码管采用的也是这种通信方式。这里给大家介绍的是 LCD1602 液晶显示屏模块（见图 11-2），它可以显示 2 行，每行 16 个字符。

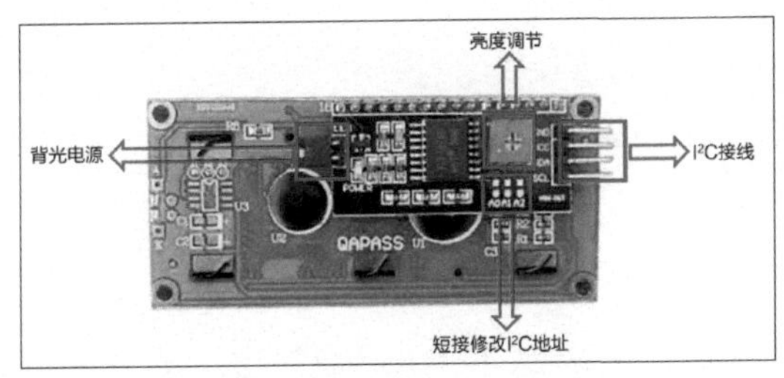

图 11-2　LCD1602 液晶显示屏模块

2. 温 / 湿度传感器

DHT11 温/湿度传感器（见图 11-3）是一款含有已校准数字信号输出的温/湿度复

合传感器，包括一个电阻式感湿元件和一个NTC（负温度系数）测温元件，并与一个高性能8位单片机相连。每个DHT11传感器都在极为精确的湿度校验室中进行校准。校准系数以程序的形式存储在OTP内存中，传感器内部在检测信号的处理过程中要调用这些校准系数。

图11-3　DHT11温/湿度传感器

技术与实践

1. 任务描述

用Arduino二合一主控板控制LCD1602液晶显示屏模块显示“Hello World！”和温/湿度信息，先显示温度值，再显示湿度值，并间隔5s切换一次。

2. 准备工作

完成任务需要准备的材料如表11-1所示。

表11-1　LCD1602液晶显示屏显示实验所需材料

序号	名称	数量
1	Arduino二合一主控板	1块
2	LCD1602液晶显示屏模块	1个
3	温/湿度传感器	1个
4	传感器线	1个
5	I^2C连接线	1根
6	USB线	1根

3. 动手制作

如图11-4所示，用I^2C连接线LCD1602液晶显示屏模块与Arduino二合一主控板连接，将LCD1602液晶显示屏模块的SDA引脚和主控板的A4引脚连接，SCL引脚和主控板的A5引脚连接。

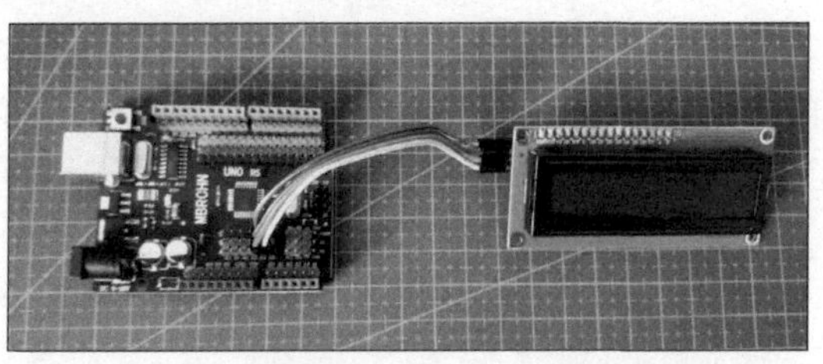

图 11-4　LCD1602 液晶显示屏模块的连接

如图 11-5 所示，将温/湿度传感器连接至 Arduino 二合一主控板的 A1 引脚。

图 11-5　温/湿度传感器的连接

4. 程序设计

在图 11-6 所示程序中，首先，对 LCD1602 液晶显示屏模块进行初始化设置，选择液晶显示屏模块的通信地址为 0x27，这也是液晶显示屏模块的默认通信地址。另外，SCL 引脚和 SDA 引脚也是 Arduino 中 I^2C 通信默认的两个引脚。我们要显示的信息也可以通过图 11-6 所示程序显示出来，大家可以尝试修改打印信息让 LCD1602 液晶显示屏模块显示其他信息。

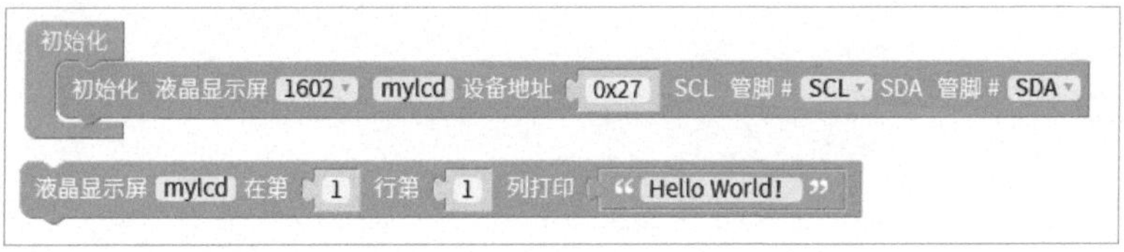

初始化
初始化 液晶显示屏 1602 mylcd 设备地址 0x27 SCL 管脚 # SCL SDA 管脚 # SDA

液晶显示屏 mylcd 在第 1 行第 1 列打印 " Hello World! "

图 11-6　显示“Hello World!”的参考程序

Mixly 中读取温/湿度传感器数据的积木是“T&H ×× 管脚# ×× ××”，它可以直接把数据转化为十进制的温/湿度值，不需要进行其他转化，我们就可以直接获取温/湿度。打印温/湿度的参考程序如图 11-7 所示。

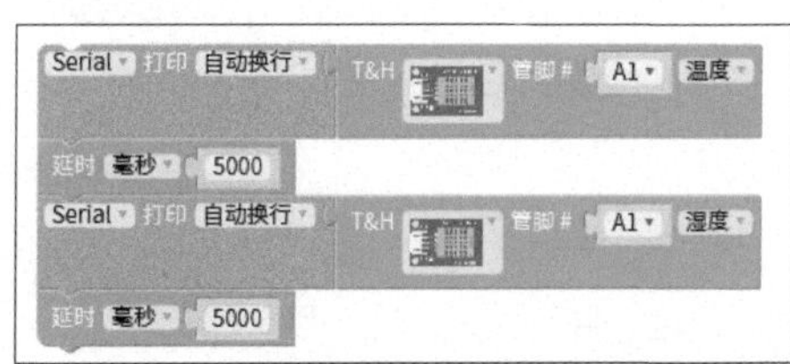

图 11-7　打印温/湿度的参考程序

程序11-1是自动生成的代码，可以看出，首先要导入dht.h库，然后实例化一个温/湿度对象，需要温度信息时调用dht_A1_gettemperature()函数，需要湿度信息时调用dht_A1_gethumidity()函数。

程序11-1

```
#include <dht.h>
dht myDHT_ A1;
int dht_ A1_ gettemperature() {
  int chk = myDHT_ A1.read11(A1);
  int value = myDHT_ A1. temperature; .
  return value;
}
int dht_ A1_ gethumidity() {
  int chk = myDHT_ A1.read11(A1) ;
  int value = myDHT_ A1. humidity;
  return value ;
}
void setup( ){
  Serial. begin(9600) ;
}
void loop(){
  Serial. println(dht_ A1_ gettemperature());
  delay( 5000);
  Serial. println(dht_ A1_ gethumidity());
  delay( 5000) ;
}
```

任务与实现

完成了上面的任务，大家应该对液晶显示屏和温/湿度传感器有了一定了解。在接下来的任务中，我们就要将液晶显示屏和温/湿度传感器结合，制作一款电子温/湿度计。

1. 任务描述

这个电子温/湿度计是一款可以利用按钮来选择显示温度或者湿度的装置，按下按钮之后，显示温度信息；再按下按钮，显示湿度信息，每次显示的时间为3s，如果没有按下按钮，液晶显示屏上显示“Press the button”。

2. 准备工作

完成这个任务需要准备的材料如表11-2所示。

表 11-2　制作电子温/湿度计所需材料

序号	名称	数量
1	Arduino 二合一主控板	1 块
2	温/湿度传感器	1 个
3	按钮模块	1 个
4	传感器连接线	2 根
5	LCD1602 液晶显示屏模块	1 个
6	I²C 连接线	1 根
7	椴木板	1 个
8	M3 × 6mm 内六角螺栓	19 颗
9	M3 × 14mm 内六角螺栓	4 颗
10	M3 螺母	7 颗
11	M3 × 8mm 双通六角铜柱	4 颗
12	M3 × 50mm 双通六角铜柱	4 颗
13	USB 线	1 根
14	4 节电池盒	1 个

3. 动手制作

电子温/湿度计的激光切割图纸如图 11-8 所示。

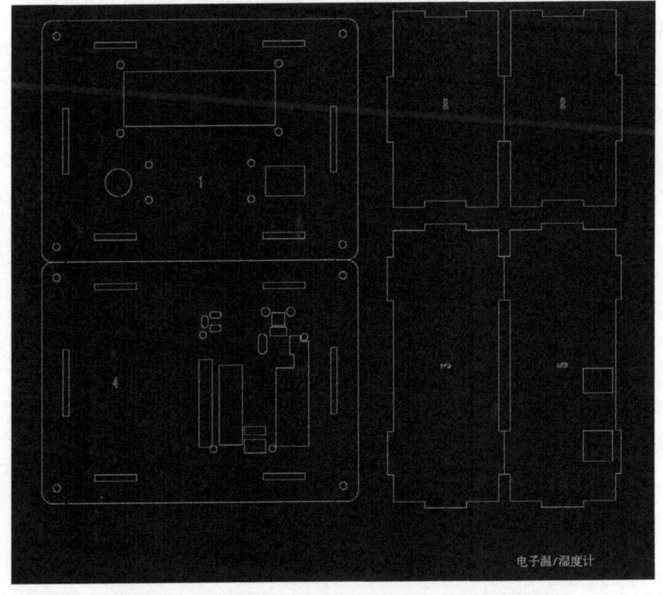

图 11-8　电子温/湿度计的激光切割图纸

（1）根据激光切割图纸切割椴木板。按照图11-9所示的方式，用3颗M3×6mm内六角螺栓和3颗M3螺母组装4号板和Arduino二合一主控板。

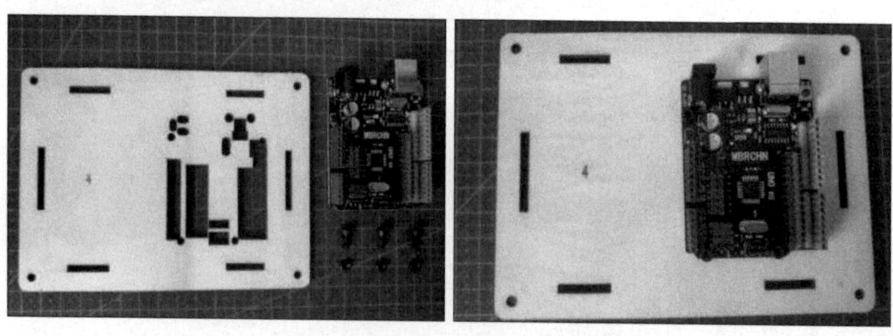

图11-9　电子温/湿度计安装步骤1

（2）拿出1个1号板、1个按钮模块、1个温/湿度传感器、1个LCD1602液晶显示屏模块、4颗M3×14mm内六角螺栓、4颗M3螺母、8颗M3×6mm内六角螺栓、4颗M3×8mm双通六角铜柱，按照图11-10进行安装。

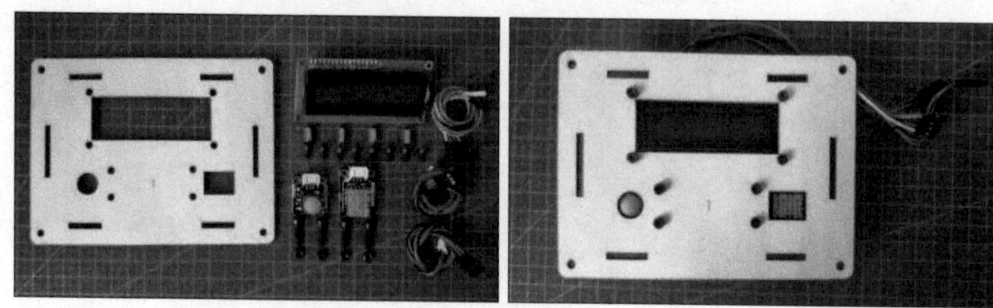

图11-10　电子温/湿度计安装步骤2

（3）拿出1号板、3号板、4号板、5号板各1个，2个2号板，4个M3×50mm双通六角铜柱，8个M3×6mm内六角螺栓，按照图11-11进行安装。安装时，请大家将按钮模块连接到Arduino二合一主控板的D2引脚，用传感器连接线将温/湿度传感器连接到主控板的A1引脚，最后用I^2C连接线将LCD1602液晶显示屏模块的SCL、SDA引脚连接到主控板的A5、A4引脚。

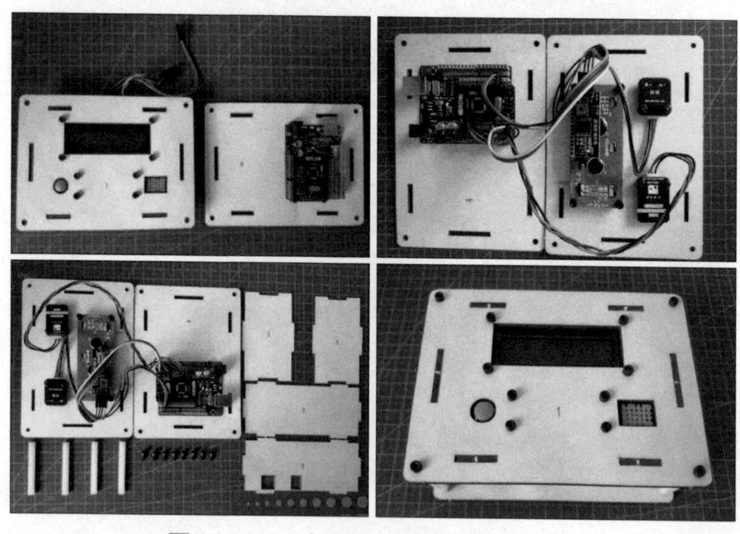

图11-11　电子温/湿度计安装步骤3

4. 程序设计

使用按钮时常常有按钮抖动的情况，因此，我们需要考虑程序误判的情况。

电子温 / 湿度计的参考程序如图 11-12 所示。程序中，我们先对液晶显示屏模块进行初始化设置，并定义变量 ButtonState 和变量 State。变量 ButtonState 用来定义工作模式，其值为 1 时表示显示温度，其值为 0 时表示显示湿度。变量 State 用来定义按钮被按下的次数。

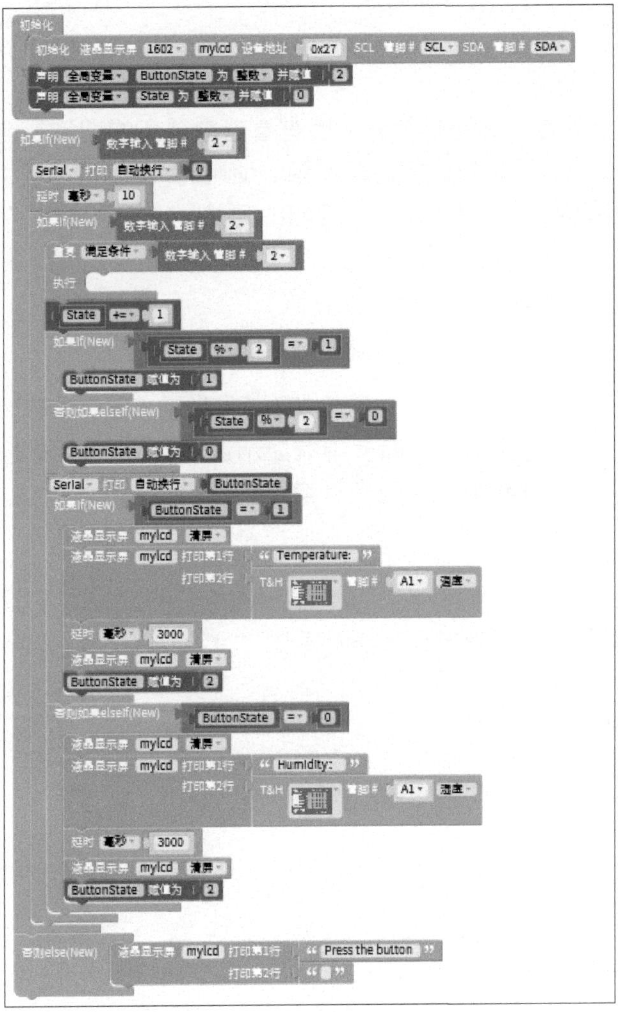

图 11-12　电子温 / 湿度计的参考程序

5. 成果展示

电子温 / 湿度计的最终成品如图 11-13 所示。

图 11-13　电子温/湿度计的最终成品

拓展与思考

随着科学技术的发展，人们对美好生活有着越来越高的期待。使用物联网技术可以将物与物进行连接，对家用设备进行远程控制。使用温/湿度传感器可以实时监测室内的环境，通过手机等移动终端可以控制家用电器的开关。大家思考一下，温/湿度传感器还可以应用在哪些领域？

创新与延伸

我们在前面学习了舵机。结合本课所学的温/湿度传感器，大家能否制作一款指针式温/湿度显示器呢？由于需要在一个面板中既显示温度，又显示湿度，可以将温/湿度的数值显示在不同区域，再通过舵机带动指针实现温/湿度的指示。

1. 创新设计

请在下面写出你的设计思路并画出设计草图。

2. 案例分享

指针式温/湿度显示器的参考程序如图 11-14 所示。由于温/湿度的取值范围不一样，需要将舵机的角度进行映射，从而保证指针能够摆动到正确的位置。

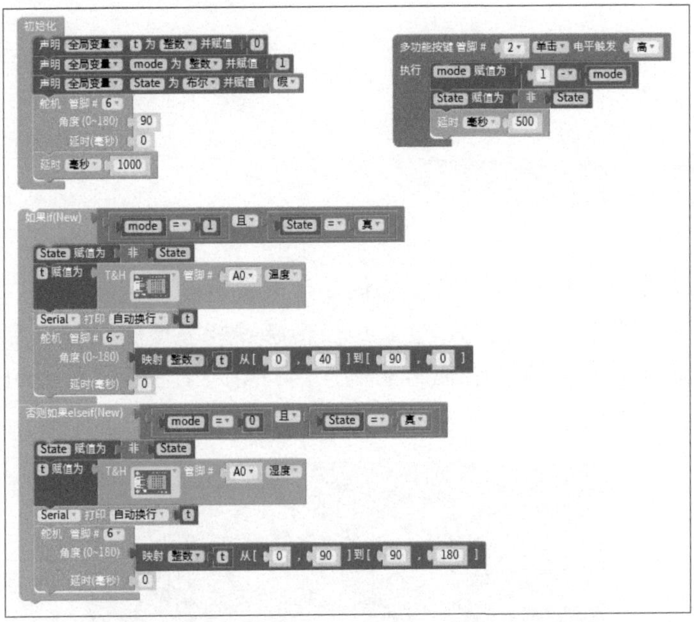

```
初始化
  声明 全局变量 t 为 整数 并赋值 0
  声明 全局变量 mode 为 整数 并赋值 1
  声明 全局变量 State 为 布尔 并赋值 假
  舵机 管脚# 6
    角度(0~180) 90
    延时(毫秒) 0
  延时 毫秒 1000

多功能按键 管脚# 2 单击 电平触发 高
执行 mode 赋值为 1 - mode
     State 赋值为 非 State
     延时 毫秒 500

如果if(New) mode = 1 且 State = 真
  State 赋值为 非 State
  t 赋值为 T&H 管脚# A0 温度
  Serial 打印 自动换行 t
  舵机 管脚# 6
    角度(0~180) 映射 整数 t 从[0, 40]到[90, 0]
    延时(毫秒) 0
否则如果elseif(New) mode = 0 且 State = 真
  State 赋值为 非 State
  t 赋值为 T&H 管脚# A0 湿度
  Serial 打印 自动换行 t
  舵机 管脚# 6
    角度(0~180) 映射 整数 t 从[0, 90]到[90, 180]
    延时(毫秒) 0
```

图 11-14　指针式温/湿度显示器的参考程序

指针式温/湿度显示器的最终成品如图 11-15 所示。

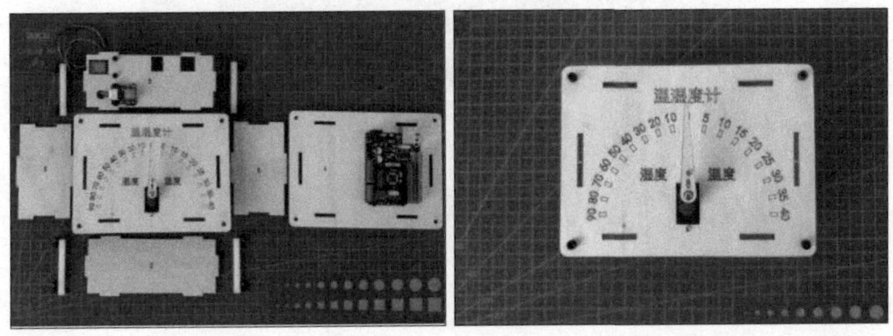

图 11-15　指针式温/湿度显示器的最终成品

3. 创新应用

温/湿度传感器可以比较准确地显示环境的温/湿度值。有的同学创新性地将温/湿度传感器放到鸟巢中，完成了智能鸟巢（见图 11-16）的设计，通过液晶显示屏显示鸟巢内的温/湿度值，并实时监测数据，保证小鸟有一个比较舒适的生活环境。

图 11-16　智能鸟巢

第 12 课　自动驾驶小车

在前面的学习中，我们已经了解了如何使用电机驱动器控制电机，也通过超声波传感器实现了小车的避障运行。我们知道超声波传感器能够检测距离，本课我们用人工智能摄像头替代超声波传感器来实现信号的输入。利用人工智能摄像头制作的一款自动驾驶小车如图 12-1 所示。

图 12-1　自动驾驶小车

科学与知识

人工智能摄像头

先为大家介绍一款人工智能摄像头（AI视觉传感器）——哈士奇视觉传感器（HuskyLens，见图 12-2），这是一款简单易用的AI视觉传感器，内置7种功能：人脸识别、物体追踪、物体识别、巡线追踪、颜色识别、标签识别、物体分类。它仅需要一个按钮即可完成AI训练，我们可以摆脱烦琐的训练和复杂的视觉算法，更加专注项目的构思和实现。

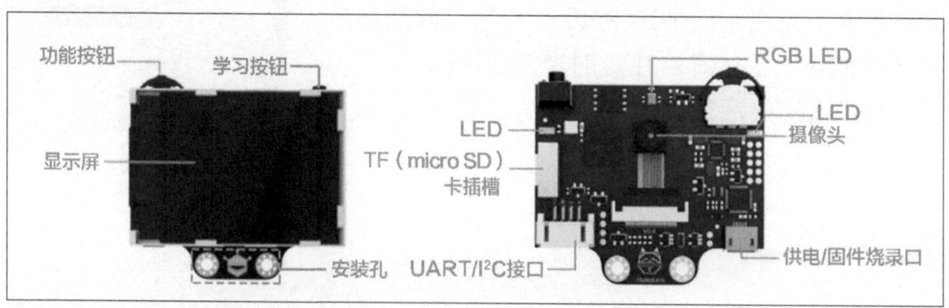

图 12-2　哈士奇视觉传感器

技术与实践

1. 任务描述

训练哈士奇视觉传感器，让其识别3个标签，并将识别标签的ID打印出来。

2. 准备工作

我们需要准备表12-1所示材料。

表12-1　视觉传感器识别标签实验所需材料

序号	名称	数量
1	Arduino二合一主控板	1块
2	标签	1张
3	哈士奇视觉传感器	1块
4	USB线	1根

3. 动手制作

连接哈士奇视觉传感器和Arduino二合一主控板有两种方式（见图12-3），这里采用I^2C模式，如图12-4所示。

UART模式

序号	标注	引脚	用途
1	T	TX	HuskyLens的串口数据发送引脚
2	R	RX	HuskyLens的串口数据接收引脚
3	-	GND	电源负极
4	+	VCC	电源正极

I^2C模式

序号	标注	引脚	用途
1	T	SDA	串行数据线
2	R	SCL	串行时钟线
3	-	GND	电源负极
4	+	VCC	电源正极

图12-3　两种连接方式

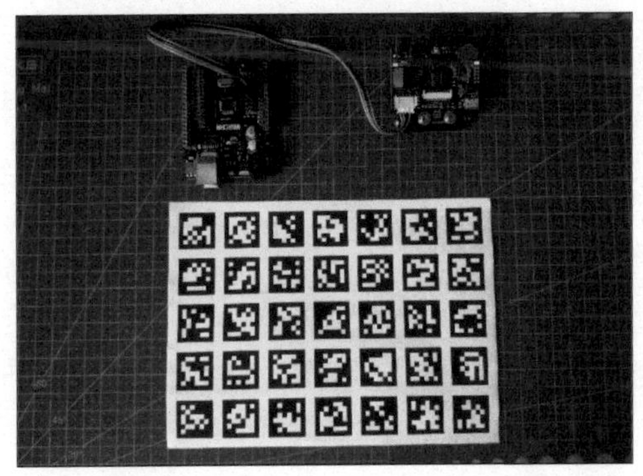

图12-4　哈士奇视觉传感器和Arduino二合一主控板的连接

4. 程序设计

（1）操作设置

向左或向右拨动哈士奇视觉传感器的功能按钮，直至屏幕顶部显示“标签识别”。长按功能按钮，进入标签识别功能的二级菜单参数设置界面。

向左或向右拨动功能按钮，选中“学习多个”，然后短按功能按钮，接着向右拨动功能按钮打开“学习多个”的开关，即进度条颜色变蓝，进度条上的方块位于进度条的右边。再短按功能按钮，确认该参数。如图12-5所示。

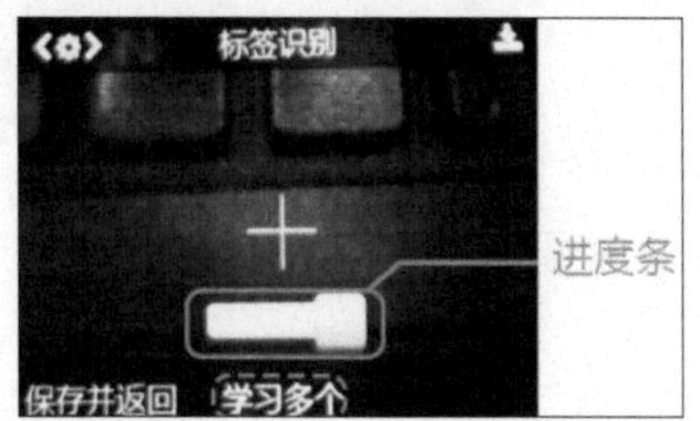

图12-5　哈士奇视觉传感器的操作

向左拨动功能按钮，选中“保存并返回”，短按功能按钮，屏幕上会提示“是否保存参数？”，默认选择“确认”，此时短按功能按钮，即可保存参数，并自动返回标签识别模式。

（2）学习与识别

我们可以使用图12-6所示的标签来测试。

图12-6　标签

（3）侦测标签

当哈士奇视觉传感器检测到标签时，屏幕上会出现白色框自动框选出检测到的所有标签，如图12-7所示。

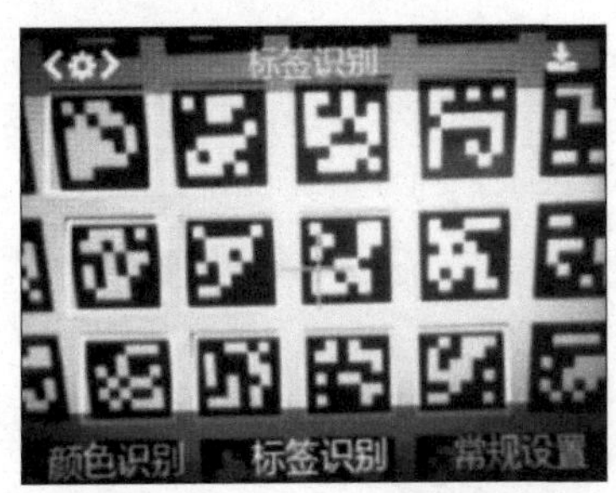

图 12-7　框选标签

（4）学习标签

将哈士奇视觉传感器屏幕中央的“+”号对准需要学习的标签（见图 12-8），短按或长按学习按钮完成第 1 个标签的学习。松开学习按钮后，屏幕上会提示“再按一次按键继续！按其他按键结束”。如要继续学习下一个标签，则在倒计时结束前按下学习按钮；如果不再需要学习其他标签，则在倒计时结束前按下功能按钮，或者不进行任何操作，等待倒计时结束。

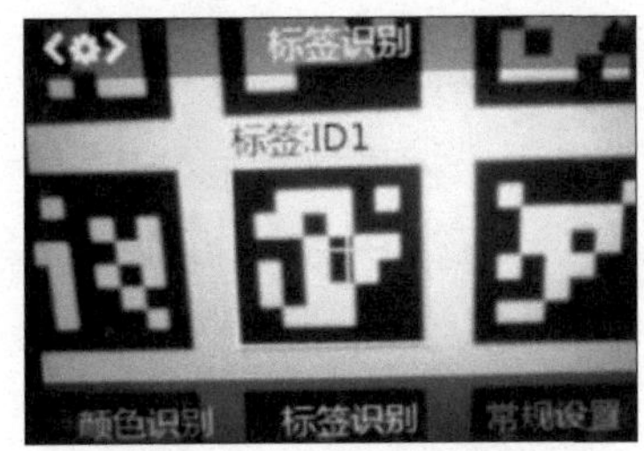

图 12-8　学习标签

标签 ID 与录入标签的先后顺序是一致的，也就是说，学习过的标签会按顺序被依次标注为“标签：ID1”“标签：ID2”“标签：ID3”，以此类推，并且不同的标签对应的边框颜色也不同。

（5）识别标签

哈士奇视觉传感器再次遇到学习过的标签时，屏幕上会出现彩色的边框框选出这些标签，并显示其 ID（见图 12-9）。边框的大小会随着标签的大小而变化，边框会自动追踪这些标签。

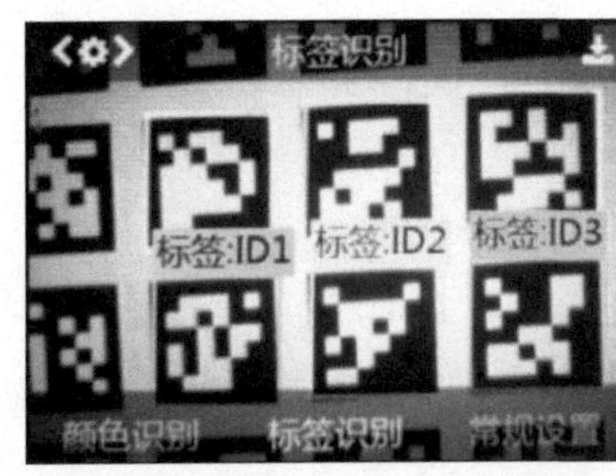

图 12-9　识别标签

如图12-10所示，程序对人工智能摄像头的I^{2}C连接方式和识别算法进行了初始化设置，每次获取识别结果都需要进行请求，然后对识别结果进行判断。

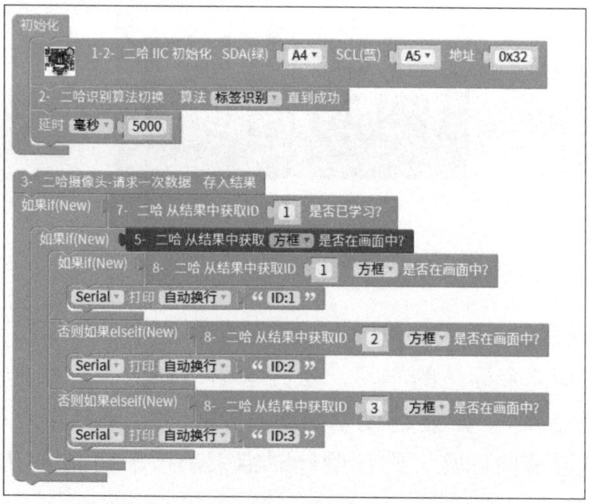

图12-10　识别并打印标签的参考程序

在前面的学习中，我们已经对Arduino的基本操作非常熟悉了。程序12-1是自动生成的代码，在程序12-1中，哈士奇视觉传感器的库文件是TRX_HuskyLens.h，在调用时创建了一个huskylens对象，在setup()函数中对哈士奇视觉传感器进行初始化，确定哈士奇视觉传感器的工作模式为标签识别。

程序12-1

```
# include "TRX_HuskyLens.h"// 哈士奇视觉传感器库文件
TRX_HuskyLens huskylens;// 创建对象
void setup(){
  huskylens.beginI2CUntilSuccess();//哈士奇视觉传感器I2C接口初始化
  huskylens.writeAlgorithm(ALGORITHM_TAG_RECOGNITION);//标签识别
  delay(5000);
  Serial.begin(9600);
}
void loop(){
  huskylens.request();//请求一次数据,存入结果
  if(huskylens.isLearned(1)){
    if(huskylens.isAppearDirect(HUSKYLENSResultBlock)){
      if(huskylens.isAppear(1,HUSKYLENSResultBlock)){
        Serial.println("ID:1");
      }
      else if(huskylens.isAppear(2,HUSKYLENSResultBlock)){
        Serial.println("ID:2");
      }
```

```
    else if(huskylens.isAppear(3,
HUSKYLENSResultBlock)){
      Serial.println("ID:3");
    }
   }
  }
}
```

任务与实现

1. 任务描述

通过标签识别训练，自动驾驶小车能够在识别出对应标签后前进、后退，在没有识别到标签的时候停止运行。

2. 准备工作

完成任务需要准备的材料如表12-2所示。

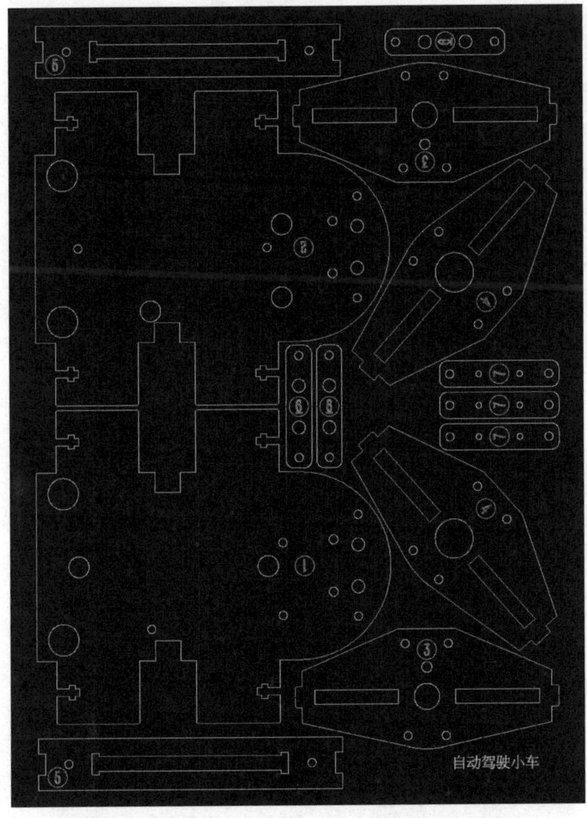

图12-11　自动驾驶小车的激光切割图纸

表12-2　制作自动驾驶小车所需材料

序号	名称	数量
1	Arduino二合一主控板	1块
2	Arduino I/O扩展板	1块
3	电机驱动板	1块
4	USB线	1根
5	电机驱动板信号线	2根
6	哈士奇视觉传感器	1块
7	电池	1块
8	TT电机	2个
9	椴木板	1个
10	M3×30mm十字螺栓	4颗
11	M3×16mm十字螺栓	4颗
12	M3×6mm十字螺栓	3颗
13	M3×12mm六角铜柱	3颗
14	M3×6mm十字杯头螺栓	5颗
15	M2.5×14mm自攻螺栓	2颗
16	M3×25mm十字螺栓	2颗
17	M3×10mm十字螺栓	2颗
18	M3螺母	14颗
19	万向球	1个
20	轮子	2个

3. 动手制作

自动驾驶小车的激光切割图纸如图12-11所示。

（1）根据激光切割图纸切割椴木板，得到结构件。小车车轮由两个TT电机驱动，首先完成两个TT电机的搭建。拿出两块3号板、两块4号板，两个TT电机、4颗M3×30mm十字螺栓、4颗M3螺母，按照图12-12进行安装。

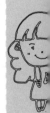

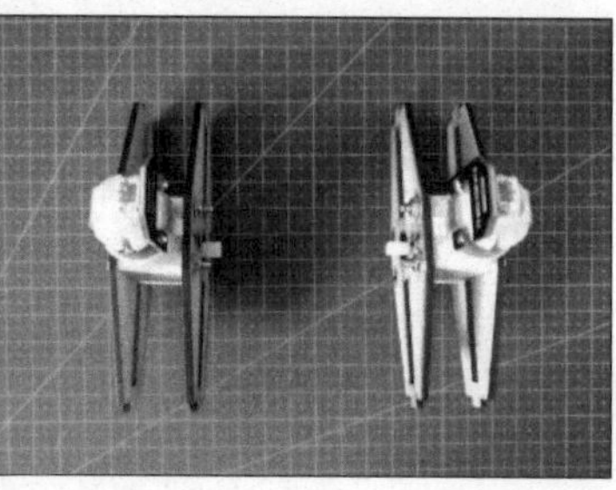

图 12-12　自动驾驶小车的制作步骤 1

（2）安装小车的主体结构。拿出两块5号板、1块1号板、1块2号板、4颗M3×16mm十字螺栓、4颗M3螺母，按照图12-13进行安装，注意要将1号板安装在2号板的上方。

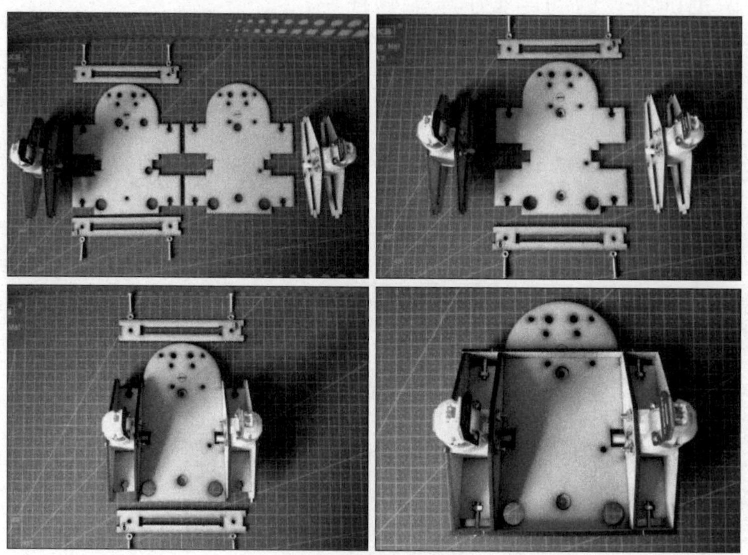

图 12-13　自动驾驶小车的制作步骤 2

（3）拿出3颗M3×6mm十字螺栓、3颗M3×12mm六角铜柱，按照图12-14进行安装。

图 12-14　自动驾驶小车的制作步骤 3

（4）拿出2颗M3×6mm十字杯头螺栓、2颗M3螺母，按照图12-15进行安装。

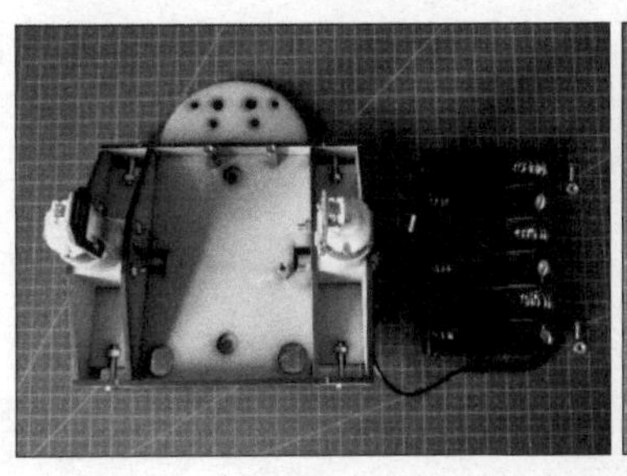
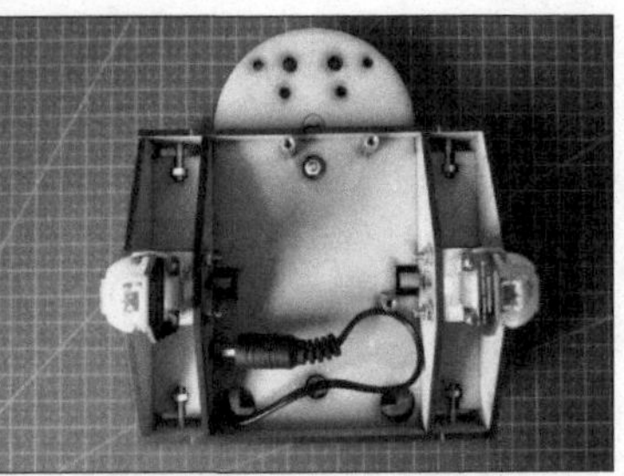

图 12-15　自动驾驶小车的制作步骤 4

（5）拿出 1 个万向球、3 块 7 号板、2 颗 M2.5 × 14mm 自攻螺栓，按照图 12-16 进行安装。

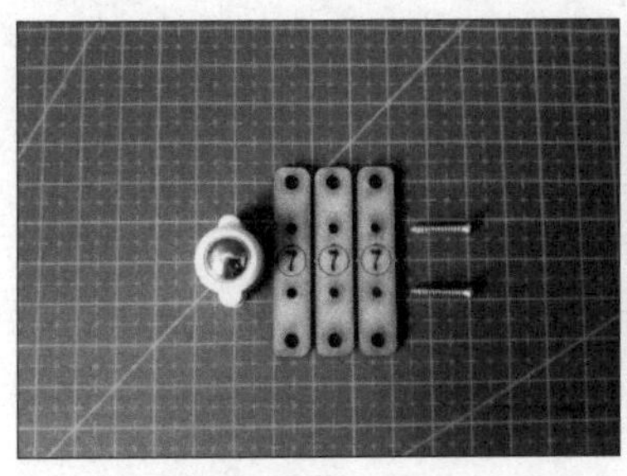
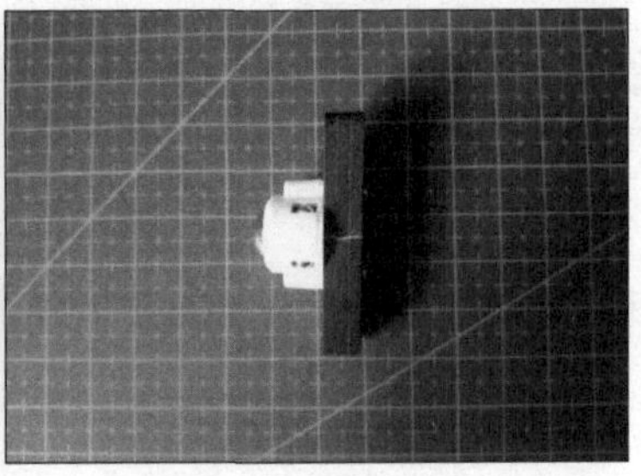

图 12-16　自动驾驶小车的制作步骤 5

（6）拿出前面安装的结构和 3 块 6 号板、2 颗 M3 × 25mm 十字螺栓、2 颗 M3 螺母，按照图 12-17 进行安装。

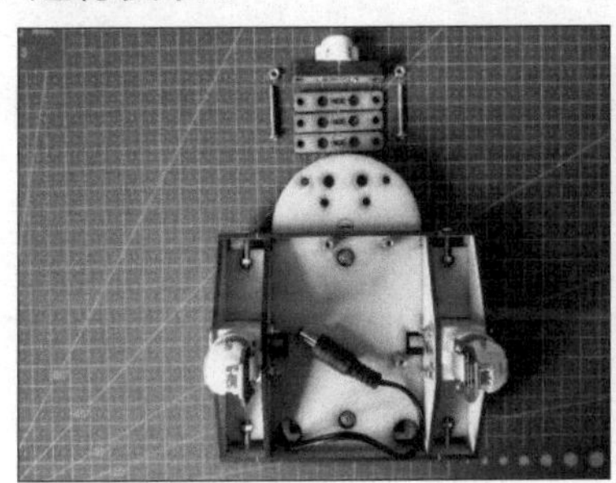
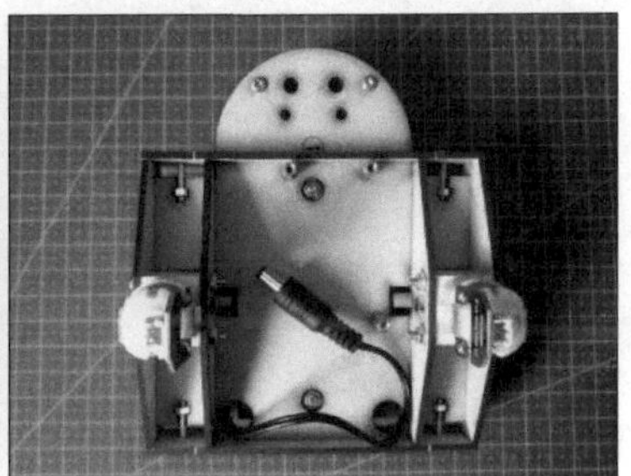

图 12-17　自动驾驶小车的制作步骤 6

（7）将 Arduino 二合一主控板用 3 颗 M3 × 6mm 十字螺栓固定在车体结构上，如图 12-18 所示。

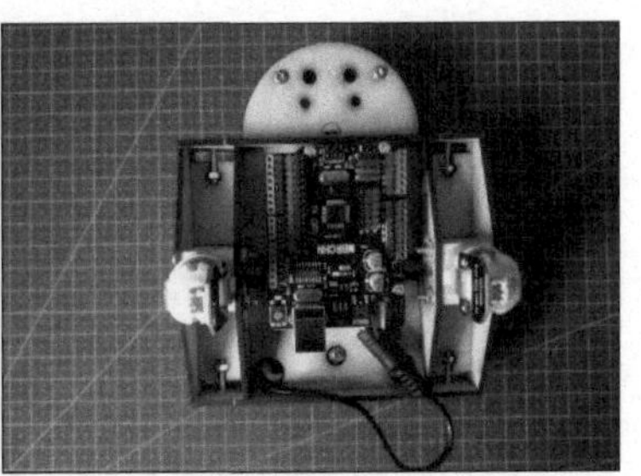

图 12-18　自动驾驶小车的制作步骤 7

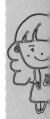

（8）将哈士奇视觉传感器用2颗M3×10mm十字螺栓和2颗M3螺母固定在车体结构上，再将电机驱动板安装在Arduino二合一主控板上，并将两根电机驱动板信号线与两个TT电机连接，之后将Arduino I/O扩展板安装在电机驱动板上，把哈士奇视觉传感器的信号线插到Arduino I/O扩展板的A4、A5引脚上（绿色线与A4引脚连接，蓝色线与A5引脚连接），如图12-19所示。

图12-19　自动驾驶小车的制作步骤8

（9）取出两个轮子，将轮子安装在TT电机的传动杆上，如图12-20所示。

图12-20　自动驾驶小车的制作步骤9

4. 程序设计

图12-21所示是自动驾驶小车识别标签进行前进、后退、停止的参考程序。小车的前进、后退、停止分别由3个函数控制，当识别结果为ID1或ID2时，小车执行前进或后退的动作。

```
初始化
  1-2- 二哈 IIC 初始化 SDA(绿) A4 SCL(蓝) A5 地址 0x32
  2- 二哈识别算法切换 算法 标签识别 直到成功
  延时 毫秒 5000

forward
执行 数字输出 管脚 # 12 设为 高
     数字输出 管脚 # 13 设为 低
     软件模拟输出 管脚 # 10 赋值为 60
     软件模拟输出 管脚 # 11 赋值为 60

back
执行 数字输出 管脚 # 12 设为 低
     数字输出 管脚 # 13 设为 高
     软件模拟输出 管脚 # 10 赋值为 60
     软件模拟输出 管脚 # 11 赋值为 60

stop
执行 数字输出 管脚 # 12 设为 高
     数字输出 管脚 # 13 设为 低
     软件模拟输出 管脚 # 10 赋值为 0
     软件模拟输出 管脚 # 11 赋值为 0

3- 二哈摄像头 请求一次数据 存入结果
如果if(New) 7- 二哈 从结果中获取ID 1 是否已学习?
  如果if(New) 5- 二哈 从结果中获取 方框 是否在画面中?
    如果if(New) 8- 二哈 从结果中获取ID 1 方框 是否在画面中?
      执行 forward
    否则如果elseif(New) 8- 二哈 从结果中获取ID 2 方框 是否在画面中?
      执行 back
    否则else(New) 执行 stop
    延时 毫秒 100
执行 stop
```

图 12-21　自动驾驶小车的参考程序

既然我们可以通过训练哈士奇视觉传感器识别标签完成控制自动驾驶小车运动，那么我们也可以通过训练哈士奇视觉传感器识别颜色控制自动驾驶小车完成其他动作，参考程序如图 12-22 所示。

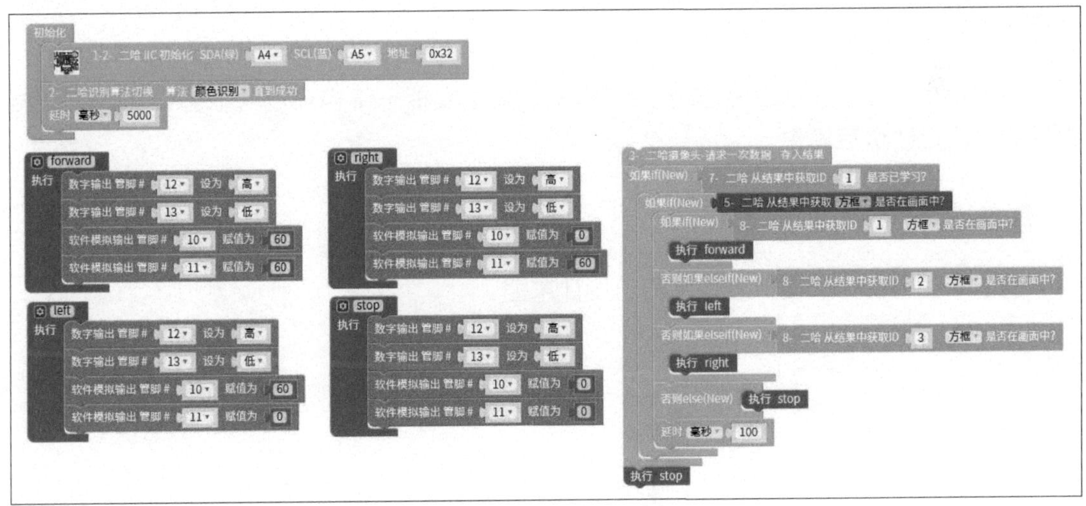

图 12-22　自动驾驶小车识别颜色的参考程序

5. 成果展示

自动驾驶小车的最终成品如图 12-23 所示。

图 12-23　自动驾驶小车的最终成品

拓展与思考

随着人工智能时代的到来，图像识别技术被更加广泛地应用到人们的日常生活中。考勤系统中的人脸识别、购物网站中的拍照搜物等都用到了图像识别技术。简单来讲，图像识别就是对图像中的信息进行综合处理，包括轮廓识别、色彩识别、特征识别等。以人脸识别为例，识别系统检测到人脸信息后，人脸图像的像素值会被转换成紧凑且可判别的特征向量，进而通过面部的68个特征点来进行人脸的识别。

创新与延伸

本课我们学习了人工智能摄像头的用法，大家发挥一下自己的想象力，将人工智能摄像头运用在物价查询中。

1. 创新设计

请在下面写出你的设计思路并画出设计草图。

2. 案例分享

当我们购物时，虽然一些商品自带条形码或二维码，但是我们没有专用的设备读取这些信息，尤其是价格。如果我们利用人工智能摄像头提前对相应的条形码或二维码进行训练，并将商品附带的顾客关心的信息与条形码或二维码绑定，当再次对条形码或二维码进行识别时，就可以把信息一起显示出来。在制作这个作品前，先给大家介绍一下“二哈屏幕叠加显示文字 ×× 在*x*:×× *y*:××”积木，在该积木中可以编辑要显示的信息和相应信息在屏幕中显示的坐标。

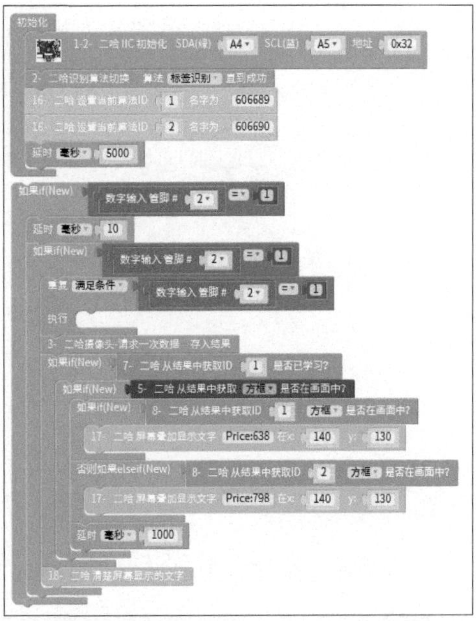

物价查询终端的参考程序如图12-24所示。程序首先对哈士奇视觉传感器进行了初始化设置，并重命名了已经训练的标签，接着确定了屏幕显示函数的运行条件。当按钮被按下且持续时间超过10ms时，触发屏幕显示函数，并且在显示1s后停止显示。

图12-24　物价查询终端的程序

程序12-2是自动生成的代码。对训练的ID重命名后，在屏幕上实际显示的信息为“my_”+编辑内容+ID，屏幕显示函数包含的信息为显示的信息和显示信息在屏幕上的坐标，哈士奇视觉传感器显示屏的分辨率为320像素×240像素，对应的*x*值的范围是0~320，*y*值的范围是0~240。

程序12-2

```
#includeo"TRX_HuskyLens.h"//哈士奇视觉传感器库文件
TRX_HuskyLens huskylens;// 创建对象
void setup(){
  huskylens.beginI2CUntilSuccess();//哈士奇视觉传感器I²C接口初始化
  huskylens.writeAlgorithm(ALGORITHM_TAG_RECOGNITION);//标签识别
  huskylens.writeName(String("my_606689"),1);//设置当前算法ID ×××名字为×××
  huskylens.writeName(string("my_606690"),2);//设置当前算法ID ×××名字为×××
  delay(5000);
  pinMode(2,INPUT);
}
void loop(){
  if((digitalRead(2) == 1)){
    delay(10);
    if((digitalRead(2)== 1)){
      while (digitalRead(2) == 1) {
      }
      huskylens.request();//请求一次数据，存入结果
      if(huskylens.isLearned(1)){
        if(huskylens.isAppearDirect(HUSKYLENSResultBlock)){
          if(huskylens.isAppear(1,HUSKYLENSResultBlock)){
```

```
          huskylens.writeOSD(String("Price_638"),140,130);//哈士奇视觉传感器屏幕叠加显示文字
        }
        else if(huskylens.isAppear(2,HUSKYLENSResultBlock)){
          huskylens.writeOSD(String("Price_798"),140,130);//哈士奇视觉传感器屏幕叠加显示文字
        }
        delay(1000);
      }
    }
    huskylens.clearOSD();//哈士奇视觉传感器清除屏幕显示的文字
  }
 }
}
```

物价查询终端的制作步骤和最终成品如图 12-25 所示。

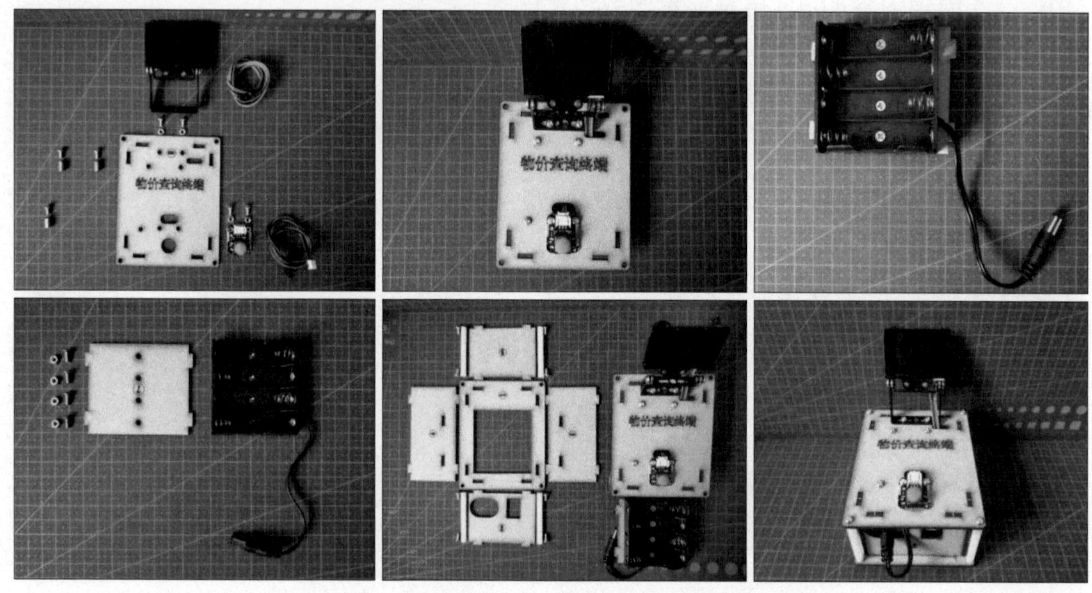

图 12-25　物价查询终端的制作步骤和最终成品

3. 创新应用

本课我们为大家介绍了人工智能摄像头的应用，它经常被同学们用在科技创新作品中。云台驱动的追光灯就是一个经典的运用，该作品通过传感器捕捉舞台上人物在显示屏上的坐标，从而判断人物在舞台上的所在位置，进而跟随并进行追光。